CHEMISCHE TECHNOLOGIE
IN EINZELDARSTELLUNGEN
HERAUSGEBER: PROF. DR. A. BINZ, BERLIN
SPEZIELLE CHEMISCHE TECHNOLOGIE

CHEMISCHE TECHNOLOGIE
DES
STEINKOHLENTEERS

MIT BERÜCKSICHTIGUNG DER KOKSBEREITUNG

VON

Dr. R. WEISSGERBER

DIREKTOR DER GESELLSCHAFT FÜR TEERVERWERTUNG M. B H.
DUISBURG-MEIDERICH

MIT 23 FIGUREN IM TEXT

SPRINGER-VERLAG BERLIN HEIDELBERG GMBH
1923

© SPRINGER-VERLAG BERLIN HEIDELBERG 1923
URSPRÜNGLICH ERSCHIENEN BEI OTTO SPAMER, LEIPZIG 1923
SOFTCOVER REPRINT OF THE HARDCOVER 1ST EDITION 1923

ISBN 978-3-662-33729-5   ISBN 978-3-662-34127-8 (eBook)
DOI 10.1007/978-3-662-34127-8

Vorwort.

Etwa seit dem Kriege ist das Interesse an der Nutzbarmachung der Steinkohle durch ihre Verkokung und die hierbei entfallenden Nebenerzeugnisse in ganz ungewöhnlichem Maße gestiegen. Die Erkenntnis, daß wir in der Kohle nicht bloß eine Energiequelle von hohem Wert besitzen, sondern daß dieser Wert in Form pyrogener Umwandlungsprodukte wesentlich gesteigert werden kann, und daß wir hierin erst am Anfang einer längeren Entwicklung von allgemeiner wirtschaftlicher Bedeutung stehen, ist heute selbst in Kreise gedrungen, die sonst mit diesem Zweige der Technik keine unmittelbare Berührung haben. Dazu kommt, daß in den letzten Jahren ein neuer, frischer Zug in die Bearbeitung der hier noch ihrer Lösung harrenden Aufgaben hineingetragen worden ist und in kurzer Zeit Erfolge zu verzeichnen hatte, welche nicht ohne Einwirkung auf die Ausgestaltung der technischen Arbeitsverfahren geblieben sind. So ist es verständlich, daß die Nachfrage nach zusammenfassenden Darstellungen der hier in Betracht kommenden Industrien der Verkokung und der Teerverarbeitung bedeutend gestiegen ist, so daß es mir trotz des Vorhandenseins mehrerer älterer, die gleichen Themen behandelnden Werke nicht überflüssig erschien, der Aufforderung des Herrn Herausgebers zu folgen und in vorliegendem Buch Kokerei und Teerverarbeitung erneut in ihren technischen Grundzügen, aber auch unter Berücksichtigung der jüngsten technischen und wissenschaftlichen Fortschritte zu behandeln. Zu letzteren gehört bekanntlich auch die Tieftemperaturverkokung, der ich unter Benutzung meist eigener Anschauungen und Erfahrungen ein dem heutigen Stand der Technik entsprechendes besonderes Kapitel gewidmet habe. Bezüglich der älteren Kokereitechnik bin ich Herrn Dr. *v. d. Forst* für wertvolle Hinweise und Mitteilungen zu Dank verpflichtet. Die Darstellung der Teerverarbeitung beruht im wesentlichen auf eigenen im Laufe vieler Jahre während meiner beruflichen Tätigkeit gesammelten Erfahrungen. Die Abbildungen verdanke ich zum Teil dem freundlichen Entgegenkommen der rühmlichst bekannten Koksofenbaufirmen *Gebr. Hinselmann* und *Heinrich Koppers* in Essen, zum Teil sind sie nach meinen Entwürfen von Herrn *W. Schmiedecke* in Duisburg-Meiderich angefertigt worden.

Möge das Buch, wie beabsichtigt, auch denjenigen Fachgenossen etwas bieten, welche den Sondergebieten der Kokerei und Teerdestillation ferner stehen, sich aber in ihnen zu unterrichten wünschen.

Duisburg-Meiderich, im August 1922.

Dr. R. Weißgerber.

Inhaltsverzeichnis.

                                      Seite

I. Die Kokerei 1
   A. Die Steinkohle 1
   B. Die Verkokung 5
   C. Die Tieftemperaturverkokung 6
   D. Chemie der Tieftemperaturverkokung 7
   E. Die Technik der Tieftemperaturverkokung 11
      a) Generatoren 11
      b) Drehofenbetrieb 11
   F. Die Wirtschaftlichkeit der Tieftemperaturverkokung 13
   G. Destillationskokerei (Hochtemperaturverkokung) 13
   H. Die Chemie der Kokerei 14
   J. Die Kokereitechnik 16
      a) Aufbereitung der Kohle 16
      b) Koksöfen 16
      c) Gewinnung der Nebenprodukte 20
      d) Verarbeitung des Ammoniaks 22
      e) Direktes Verfahren 25
      f) Benzolgewinnung 26
      g) Verwertung des Schwefels 28
   K. Gasteer 30

II. Der Steinkohlenteer 31
   A. Theorie der Teerbildung 31
   B. Eigenschaften, Einteilung, Statistik 34
   C. Teeranalyse 35
      a) Spezifisches Gewicht 36
      b) Wassergehalt 36
      c) Gehalt an Ölen, Rohnaphthalin, Rohanthracen und Pech . . 37
      d) Gehalt an freiem Kohlenstoff 38
      e) Chlor- (Salmiak-) Gehalt im Teer 39
   D. Transport und Lagerung 40
   E. Teerverarbeitung durch Destillation 42
      a) Entwässerung 42
      b) Aufarbeitungsverfahren 44
      c) Destillationstechnik 46
      d) Kontinuierliche Teerdestillation 48
      e) Einmauerung, Kühler, Vorlagen 49
      f) Maschineller Teil des Destillationsbetriebes 52
      g) Destillationsverfahren 53

Inhaltsverzeichnis.

	Seite
F. Das Leichtöl	54
a) Gewinnung und Eigenschaften	54
b) Zusammensetzung	55
c) Die Aufarbeitung	57
d) Die Apparatur	60
e) Abfallerzeugnisse des Benzolbetriebes	66
f) Die Handelsbenzole	68
g) Verwendungszwecke und Statistik	72
h) Analyse des Leichtöls und der Benzole	73
i) Pyridinbasen	82
G. Das Mittelöl	85
a) Eigenschaften und Zusammensetzung	85
b) Verarbeitung im Betrieb	85
c) Die Karbolsäure	87
d) Analyse des Mittelöles und seiner Bestandteile	96
e) Handelskarbolsäuren	99
H. Das Schweröl	99
a) Eigenschaften und Zusammensetzung	99
b) Aufarbeitung im Betrieb	101
c) Das Naphthalin	102
d) Analyse des Schweröls und des Naphthalins	106
e) Die technischen Öle	107
f) Reinpräparate des Schweröls	111
J. Das Anthracenöl	113
a) Eigenschaften und Zusammensetzung	113
b) Aufarbeitung im Betrieb	115
c) Das Anthracen	121
d) Das Carbazol	125
e) Das Phenantren	126
K. Das Pech	127
a) Zusammensetzung	127
b) Gewinnung im Betrieb, Handelserzeugnisse	128
c) Verwendungszwecke, Statistik	131
d) Pechanalyse	135
Sachregister	140

I. Die Kokerei.
A. Die Steinkohle.

Zum besseren Verständnis sowohl der Entstehung als auch der — keineswegs systemlosen — Zusammensetzung des Steinkohlenteers ist es von Wert, die Aufmerksamkeit zunächst dem Rohstoff zuzuwenden, aus welchem jener entstanden ist, und wenn wir auch leider noch weit davon entfernt sind, die genetischen Zusammenhänge zwischen der Steinkohle und ihrem Destillationsprodukt, dem Steinkohlenteer, mit voller Klarheit zu übersehen, so gewährt doch die Kenntnis der Kohle nach dem heutigen Stand der Forschung eine ganze Reihe bemerkenswerter Hinweise, welche das Verständnis dieser Zusammenhänge zu fördern und die Ziele weiterer Fortschritte wenigstens anzudeuten geeignet sind.

Die Kenntnis der Steinkohle, wenn auch nicht ihre großzügige Ausbeutung, reicht bis in das 13. Jahrhundert zurück, allein trotz dieses ehrwürdigen Alters ihrer ersten Gewinnung und trotz der Fortschritte, welche der Abbau dieses schon seit vielen Jahrzehnten als der wichtigste Grundstoff alles gewerblichen und industriellen Lebens erkannten Naturerzeugnisses gemacht hat (die Weltförderung der Steinkohle beträgt heute etwa 1200 bis 1300 Millionen Tonnen jährlich), kann man die Frage: Was ist — im chemischen Sinne — die Steinkohle? auch heute noch nur recht unbefriedigend beantworten. Die Schwierigkeit des Problems liegt dabei zunächst in dem Umstand, daß die fossile Kohle weder ein einheitliches, noch ein in seiner Zusammensetzung stabiles Naturerzeugnis darstellt; ja noch mehr, man muß annehmen, daß die Bildung der Kohle ein Vorgang ist, der in den natürlichen Lagerstätten auch heute noch seinen, wenn auch äußerst langsamen Fortgang nimmt, so daß man es hier also mehr mit der Erforschung eines fortschreitenden Prozesses, als wie mit dem fertigen Ergebnis desselben zu tun hat. Bleiben wir zunächst bei den exakt zu ermittelnden oder mit Sicherheit aus der Erfahrung zu schließenden, chemischen und geologischen Feststellungen, so ergibt sich etwa folgendes Bild: Die Steinkohle ist ein amorpher, im wesentlichen aus Kohlenstoff, Wasserstoff und Sauerstoff bestehender, nur geringe Mengen von Stickstoff und Schwefel enthaltender Bestandteil gewisser Schichten unserer Erdoberfläche. Sie ist nach einer, fast jedem Gebildeten geläufigen, wohlbegründeten, geologischen Lehre das Umwandlungsprodukt pflanzlicher Überreste früherer Zeitperioden unserer Erdgeschichte. In ihnen gelangte, und zwar in mehrfacher Wiederholung, eine Flora von bestimmtem Charakter zu üppiger Entwicklung, ging im Wechsel der geologischen Verhältnisse unter, wurde durch Erd- und Schlammschichten bedeckt und verwandelte sich unter Luftabschluß bei mehr oder weniger gesteigerten Temperaturen unter Abgabe von Wasser und gasförmigen Produkten (Kohlensäure, Methan) in die heute innerhalb der Gesteinsschichten sich findenden Kohlenflöze. Vergleicht man bei diesem Vorgang die Zusammensetzung des Ausgangsstoffes, also etwa des Holzes mit der der Steinkohle, so erscheint die Inkohlung bei fortschreitender Abnahme des Sauerstoffgehaltes und erheblicher Steigerung des Kohlenstoffgehaltes als eine Selbstreduktion größten Stiles, wobei im wesentlichen Wasser und Kohlensäure, daneben allerdings auch gasförmige Kohlenwasserstoffe wie Methan, abgespalten werden. Der Sauerstoffgehalt der Steinkohle muß demnach eine Art Maßstab für deren geologisches Alter bilden, und man kann ihn in der Tat sehr wohl als Einteilungsprinzip für die verschiedenen Arten der Steinkohle sowie deren sehr voneinander abweichendes, hier aber besonders interessierendes Verhalten beim Erhitzen gelten lassen.

So finden wir in der Übersicht I die bekanntesten Typen der Steinkohlen nach ihrem Sauerstoffgehalt geordnet und entnehmen der Zusammen-

Übersicht I. Steinkohlentypen.

Bezeichnung	Elementarzusammensetzung			Koksbeschaffenheit
	C	H	O	
Sandkohle (trockene Kohle); Flammkohle mit langer Flamme brennend . . .	75—80%	5,5—4,5%	19,5—15,5%	pulverförmig bis zusammengefrittet
Flammkohle (mit langer Flamme brennend); Gaskohle	80—85%	5,8—5,0%	14,2—10,0%	geschmolzen, stark zerklüftet
Fettkohle; Schmiedekohle .	84—89%	5,5—5,0%	10,5— 6,0%	geschmolzen bis mittelmäßig dicht
Fettkohle (mit kurzer Flamme brennend); Kokskohle	88—91%	5,5—4,5%	6,5— 4,5%	geschmolzen; dicht; nicht zerklüftet
Magerkohle (mit kurzer Flamme brennend); Anthrazit	90—93%	4,5—4,0%	5,5— 3,0%	gefrittet oder pulverförmig

stellung bereits, wie verschiedenartig das Verhalten der Kohlen bei der Verbrennung wie bei dem unter Luftabschluß erfolgten Erhitzen (Verkokung) hinsichtlich des verbleibenden Rückstandes (Koks) sein kann. Derartige Beobachtungen haben aber ein über das bloße Klassifizierungsbedürfnis weit hinausgehendes Interesse, denn es ist von recht erheblicher Bedeutung für die Einrichtung z. B. einer technischen Feuerung, zu wissen, mit welcher Gas- und Flammenbildung die Verbrennung der anzuwendenden Kohle erfolgt, und es ist — insbesondere für die Zwecke der Metallurgie — nicht weniger wichtig, die Beschaffenheit des bei der Entgasung der Kohle entfallenden Kokses im voraus zu kennen. Somit ergibt sich allgemein, daß eine rationelle Verwertung der Steinkohle eine sorgfältige Auswahl der von ihr zur Verfügung stehenden verschiedensten Arten erforderlich macht, wobei freilich nicht nur deren Verhalten, sondern auch ihre bestenfalls zu erhaltenden Mengen, Transport- und Preisfragen mitsprechen. Für die Erzeugung des uns hier besonders interessierenden Steinkohlenteers würden schon in Rücksicht auf die höhere Ausbeute an diesem die jüngsten, also sauerstoffreichsten Kohlen das geeignetste Ausgangsmaterial bilden; da der Teer aber nur das „Neben"produkt zweier Industrien ist, bei denen es entweder auf die Erzeugung eines brauchbaren Leuchtgases oder die Gewinnung eines für metallurgische Zwecke wertvollen Kokses ankommt, sind hier unter gleichzeitiger Berücksichtigung der zur Verfügung stehenden Menge vor allem Typ 2 und 4 der Übersicht für uns von Bedeutung.

So unumstritten die Entstehung der Steinkohle aus pflanzlichen Resten unter bestimmten geologischen Bedingungen ist, so wenig vermag man auch heute noch die hierbei auftretenden, chemischen Vorgänge klar zu übersehen. Was zunächst das Enderzeugnis des Prozesses, die Steinkohle anlangt, so setzt diese nicht allein ihrer Uneinheitlichkeit wegen, sondern vor allem infolge ihrer großen Indifferenz gegenüber chemischen Eingriffen der Aufklärung ihrer Konstitution die größten Schwierigkeiten entgegen, und nur über eines ist man gut, sogar ausgezeichnet unterrichtet, über die Konstitution und Beschaffenheit derjenigen Körper, welche beim Erhitzen der Kohle als Destillationsprodukte aus ihr hervorgehen. Man hat denn auch wiederholt versucht, aus der Natur der Destillate, vor allem also der Bestandteile des Steinkohlenteers, Rückschlüsse auf die Konstitution der Kohle zu ziehen, aber derartige Bestrebungen leiden in Rücksicht auf den äußerst gewaltsamen Eingriff, welcher mit der üblichen Behandlung der Kohle beim Erhitzen in deren chemisches Gefüge vorgenommen wird an einer bedenklichen Unsicherheit. Erst in den letzten Jahren ist man unter Wiederaufnahme zahlreicher, älterer, nicht recht erfolgreicher Versuche wieder dazu übergegangen, die Bestandteile der Kohle selbst möglichst zu trennen oder chemisch in charakterisierbare Verbindungen überzuführen und nunmehr scheint sich das Dunkel, welches bisher über deren Konstitution waltete, etwas zu lichten.

Vielleicht die wichtigste Erkenntnis, welche bei diesen Arbeiten, auf deren Inhalt hier nicht näher eingegangen werden kann, gewonnen worden ist, besteht darin, daß die Kohle in ihren Hauptbestandteilen den Kohlenstoff in einer Bindungsform enthält, welche sich auch bei ihren Destillationsprodukten wiederfindet und in dem bekannten Sechsring des Benzols ihren Grundtyp hat; mit anderen Worten: das Kohlenstoffskelett wesentlicher Bestandteile der Kohle enthält seine Kohlenstoffatome in Form von (kondensierten) Ringsystemen, welche mit denen der sog. aromatischen Substanzen identisch sind. Das legt natürlich die Frage nach der Entstehung dieser Kohlenstoffringe, die in dem bitumenarmen, also ältesten Kohlen anscheinend in ihrer reinsten Form auftreten, besonders nahe und damit steht man vor der grundlegenden Frage: „Wie bildete sich die Kohle?" Wenn die Kohle nach allseitig unbestrittener Ansicht aus pflanzlichen Resten, also etwa aus Holz entstanden ist, so liegt es nahe, einen Übergang zwischen dessen Hauptbestandteil, der Cellulose und der Kohle zu suchen. Von jeher hat man die Möglichkeit der Umwandlung der Cellulose in Kohle als fast eine Selbstverständlichkeit angesehen und versucht, diese Annahme ebensowohl theoretisch als auch praktisch zu beweisen. Das erstere Bemühen mußte schon mangels einer befriedigenden Konstitutionsformel der Cellulose und der völligen Unsicherheit bezüglich der Konstitution der Kohle auf Schwierigkeiten stoßen, und das zweite war von einwandfreien Erfolgen nicht gekrönt. Dagegen scheint eine von *F. Fischer* und *Schrader*[1] auf anderer Grundlage aufgebaute Theorie der Kohlenbildung den Tatsachen sehr viel besser gerecht zu werden. Nach diesen Forschern ist nicht die Cellulose, sondern das in allen Holzarten sich als Bestandteil findende Lignin die Muttersubstanz der Kohle, während die Cellulose teils unter bakteriellem Einfluß bei der Inkohlung ganz verschwunden ist, teils sich in nicht wesentlicher Beziehung an der Kohlenbildung beteiligt hat. Obwohl die Konstitution des Lignins noch nicht aufgeklärt ist, weiß man doch, daß in ihm bereits der aromatische Sechsring, ferner Methoxyl- und Acetylgruppen enthalten sind. Man wird sich dann die Bildung der Kohle so vorzustellen haben, daß die beständigen, aromatischen Ringsysteme in der Hauptsache erhalten bleiben, daß unter allmählichem Verschwinden der Cellulose zunächst eine Steigerung des Methoxylgehaltes eintritt, bis in einem späteren Stadium durch Verseifung und Reduktion (Abspaltung von Methan) der Methoxylgehalt wieder zurückgeht, während gleichzeitig viel alkalilösliche Substanzen (Huminsäuren) auftreten. Durch Zusammentritt dieser phenolartigen Körper zu komplexen Verbindungen entsteht dann das Humin und durch weitere Reduktion dasjenige, was wir heute als den wesentlichen Bestandteil der Steinkohle vorfinden. Die stärksten Stützen dieser Theorie bilden Bestimmungen des Methoxylgehaltes verschiedener Altersschichten von Torfablagerungen, ferner das Auftreten der Huminsäuren während des Vertorfungsprozesses und im Zusammenhang damit die Bildung großer Mengen von Phenolen bei der Extraktion oder der Tieftemperaturverkokung der Kohle. Daß damit die Bildung der Kohle restlos aufgeklärt sei, kann naturgemäß nicht behauptet werden; schon deswegen nicht, weil die Kohle eine Substanz von recht komplizierter und mannigfaltiger Zusammensetzung ist, und weil für die Entstehung gewisser Bestandteile derselben z. B. der unzweifelhaft vorhandenen paraffinartigen Körper eine Erklärung durch diese Ableitung nicht gegeben ist. Ob man nun für diese, schon quantitativ nicht ausschlaggebenden Bestandteile die Begleiter der Holzsubstanz, die Wachse und Harze verantwortlich machen kann, oder ob nicht vielleicht auch ein Teil der Cellulose mit in irgendeiner Weise sich an der Kohlenbildung beteiligt, bleibt vorerst noch völlig unaufgeklärt, und es wird noch reicher Arbeit bedürfen, um die Frage nach der Entstehung der Kohle in befriedigender Weise beantworten zu können.

---

[1] Brennstoffchemie **2**, 37 (1921).

B. Die Verkokung.

Unter Verkokung der Kohle versteht man die Vorgänge, welche sich bei ihrem Erhitzen unter Luftabschluß, das meist bis zum völligen Austreiben aller flüchtigen Bestandteile bei der jeweils gewählten Versuchstemperatur fortgesetzt wird, abspielen. Die Steinkohle ist, obwohl man die Kokerei häufig auch als Destillation der Kohle bezeichnet, im gewöhnlichen Sinne kein destillierbarer Körper, vielmehr treten beim Erhitzen, und zwar schon etwas unterhalb 400°, Zersetzungen oder richtiger Spaltungen der Kohlensubstanz auf, bei welchen unter Entweichen von Wasserdampf und von gasförmigen Produkten ein öliges Kondensat, der Steinkohlenteer, gewonnen wird und ein mehr oder weniger harter Rückstand, der Koks, hinterbleibt. Chemisch findet sich in diesem der Kohlenstoff des Ausgangsmaterials erheblich angereichert, enthält jedoch stets in einer von der Temperatur der Verkokung abhängigen Menge Wasserstoff, Sauerstoff, Stickstoff und Schwefel als Beimengungen.

Werfen wir zunächst einen kurzen Blick auf die geschichtliche Entwicklung der Kokerei, so finden wir, daß die ersten Versuche, die Kohle zu verkoken, bereits im 16. Jahrhundert angestellt wurden; eine wirtschaftliche und technische Bedeutung erlangte dieser Prozeß jedoch erst, als man etwa in der Mitte des 18. Jahrhunderts für metallurgische Zwecke Koks und Anfang des vorigen Jahrhunderts in den größeren Städten Leuchtgas in nennenswerten Mengen zu gewinnen begann. In raschem Emporblühen hat sodann die Kokerei in Verfolgung dieser beiden Zwecke im Laufe der Zeit einen Umfang angenommen und eine Ausbildung erfahren, daß man sie heute als eine der wichtigsten Grundlagen unserer gesamten Volkswirtschaft bezeichnen kann: Die Gewinnung des Eisens und anderer Metalle, der Betrieb tausender von Maschinen und Motoren, die Versorgung der Landwirtschaft mit Düngemitteln, die Herstellung fast unserer gesamten Farbstoffe, Heilmittel, künstlichen Riechstoffe und photographischen Präparate u. a. m. haben teils völlig, teils in weitestem Umfange die Verkokung der Kohle zu ihrer Voraussetzung. Es ist nun bemerkenswert, daß sowohl die Leuchtgasbereitung als auch die Gewinnung eines brauchbaren Hüttenkokses nur dann sich technisch zweckmäßig durchführen lassen, wenn die Verkokung der Steinkohle bei verhältnismäßig hoher Temperatur (etwa über 700°) erfolgt, wobei normaler Kokereiteer und Benzol in öliger Form, Ammoniak gelöst in dem wäßrigen Kondensat oder gasförmig als „Nebenprodukte" auftreten. Erst im Laufe der letzten Jahrzehnte ist man teils aus wissenschaftlichen Interessen, teils unter dem Zwange der Not und des stärkeren Bedarfs an öligen Erzeugnissen dem Studium der Verkokung der Steinkohle bei niederer Temperatur näher getreten und hierbei zu Ergebnissen gelangt, welche nach jeder Richtung von allem bisher Beobachteten abwichen. Mit dieser bei etwa 400 bis 500° sich vollziehenden Tieftemperaturverkokung, welche inzwischen auch technisches Interesse gefunden hat, wurde ein grundsätzlich neues Arbeitsgebiet betreten; man kann daher heute nicht mehr von der Kokerei schlechthin sprechen, sondern muß Tief- und Hochtemperaturverkokung wohl voneinander unterscheiden.

C. Die Tieftemperaturverkokung.

Die ersten Tieftemperaturverkokungen scheinen in den sechziger Jahren des vorigen Jahrhunderts in England mit Kannelkohle vorgenommen worden zu sein, ohne daß man indessen die hierbei auftretenden Erzeugnisse genauer untersucht oder die Bedeutung des Verfahrens für die Beurteilung gewisser wissenschaftlicher Fragen oder für die Technik erkannt hätte. Die erste wissenschaftliche Arbeit, welche sich mit der Tieftemperaturverkokung eingehender befaßte und bereits einen großen Teil unserer heutigen Kenntnisse über das Verhalten der Steinkohle beim Erhitzen auf niedere Temperatur zutage förderte, wurde auf Veranlassung von *Bunte* durch *E. Börnstein* ausgeführt[1], welcher fand, daß die Kohle bereits bei Temperaturen von 350 bis 400° zu entgasen beginnt und bei 400 bis 500° Teere liefert, die chemisch von den bis dahin bekannten Steinkohlenteeren völlig verschieden sind. Von den späteren, bald das Interesse und die Beteiligung weiter Kreise in Anspruch nehmenden Arbeiten seien vor allem die grundlegenden Versuche *Pictets* und seiner Schüler[2] sowie von *Wheeler*[3] erwähnt, welche beide die Steinkohle einer Destillation im Vakuum bei niederer Temperatur unterwarfen und die grundsätzliche Verschiedenheit der hierbei entstehenden, öligen Destillationsprodukte von dem seit lange bekannten Steinkohlenteer gleichfalls erkannten. *Pictet* gelang es, einzelne Individuen in den so erhaltenen Kohlenwasserstoffgemischen einwandfrei zu charakterisieren und damit Wesentliches zu deren Aufklärung beizutragen. Auch wurde gelegentlich dieser Arbeiten zum erstenmal die äußerst bemerkenswerte Tatsache festgestellt, daß die Tieftemperaturteere beim Durchleiten durch glühende Röhren in normale Kokereiteere übergehen, folglich als Vorstufe des unter ähnlichen Bedingungen entstandenen Kokereiteeres gelten können. In der Kriegszeit sind es dann in erster Linie die im Kohlenforschungsinstitut in Mülheim a. d. Ruhr von *Fr. Fischer* und *W. Gluud*[4] unternommenen Arbeiten gewesen, welche über die Frage der Beschaffenheit und der Gewinnung des Tieftemperaturteers weitere Aufklärung brachten, während gleichzeitig die technische Seite des Problems in Deutschland von mehreren Seiten bearbeitet wurde.

So viele verheißungsvolle Aussichten alle diese Arbeiten auch für die Zukunft bieten, darf doch nicht verschwiegen werden, daß die Tieftemperaturverkokung der Steinkohle sich zur Zeit noch durchaus im Anfangsstadium befindet, denn es kann zur Zeit weder von einer großtechnischen Anwendung dieses Verfahrens, noch von einem auch nur annähernd befriedigenden Ausbau der Chemie des Tieftemperaturteers oder, wie man diesen heute zu nennen pflegt, des Urteers die Rede sein. Immerhin scheint dieser neue Zweig der Kokerei- und Teerproduktentechnik wichtig genug, um im folgenden alle bisher gewonnenen, wesentlichen Ergebnisse kurz darzustellen.

---

[1] Journ. f. Gasbel. 1906, S. 627 und 667.
[2] Ber. **44**, 2486. 1911; **46**, 3342. 1913; **48**, 927. 1915.
[3] J. Chem. Soc. **104**, 131; **105**, 2562.
[4] Abh. z. Kenntnis d. Kohle Bd. I, S. 114 ff.

D. Die Chemie der Tieftemperaturverkokung.

Wenn Steinkohle unterhalb 700° zweckmäßig bei Temperaturen von 400 bis 500° verkokt wird, so ist das äußere Bild der hierbei auftretenden Vorgänge dasselbe wie bei der gewöhnlichen Kokerei: Es entweichen Gase, und es kondensiert sich neben reichlichen Mengen — allerdings praktisch ammoniakfreien — Wassers ein öliges Erzeugnis, der Teer. Das Gas zeichnet sich durch einen hohen Gehalt an leicht flüchtigen Paraffinkohlenwasserstoffen der Reihe C_nH_{2n+n} aus. Daneben treten verhältnismäßig geringe Mengen von Olefinen sowie von Wasserstoff auf. Interessant ist ein Vergleich der Zusammensetzung dieses „Urkokereigases" mit der Analyse eines aus derselben Kohle bis 1100° entwickelten Gases, wie ihn *Burgeß* und *Wheeler*[1] geben.

1 kg Kohle ergaben	Gesamtmenge des Gases ccm	H_2 ccm	CH_4 ccm	Paraffinkohlenwasserstoffe ccm	CO ccm	Ungesättigte Kohlenwasserstoffe ccm
von 20—600°....	99	26,4	34,9	19,0	7,0	1,7
„ 20—1100° ...	327	185,2	57,5	11,1	51,8	6,0

Der untere Heizwert des Gases wird von *Roser*[2] bei Gasflammförderkohle mit durchschnittlich 7000 WE bemessen. Als Zusammensetzung dieses Gases wird in runden Zahlen angegeben in Proz.: 22,9 CO_2; 5,4 C_nH_m; 2,6 O_2; 10,7 CO; 30,7 H_2; 17,1 CH_4; 10,6 H_2.

Der bei der Urverkokung zurückbleibende Koks, dessen Menge naturgemäß von der Beschaffenheit der Kohle in hohem Maße abhängt, unterscheidet sich rein äußerlich von dem bekannten Kokereikoks durch seine weiche, leicht zerreibliche Beschaffenheit. Da er noch erhebliche Mengen unvergaste Bestandteile enthält, bezeichnet man ihn allgemein als Halbkoks. Chemisch ist bemerkenswert, daß der Halbkoks noch den größten Teil des in der Steinkohle vorhandenen Stickstoffs enthält, daß demnach die Urverkokung eine Ammoniakgewinnung im gewöhnlichen, kokereitechnischen Sinne nicht kennt. Nach *Fr. Fischer* und *W. Gluud*[3] ergab sich folgende Zusammensetzung eines Halbkokses aus einer Kohle der Zeche Lohberg:

	Flüchtige Bestandteile %	Koksrückstand %	C %	H %	N %	O %	S %
Ursprüngliche Lohbergkohle .	39,7	60,3	82,2	5,2	8,7	2,1	1,8
Halbkoks aus Lohbergkohle .	17,2—18,3	81,7—82,8	84,9	3,9	7,5	1,9	1,8
Gewöhnlicher Koks	2,06	97—94	96,59	0,4	0 + N 1,64		1,37

Der Halbkoks eignet sich nicht für die Zwecke des Hüttenbetriebes, ja, wegen seiner Zerreiblichkeit nicht einmal für den Versand und Transport

---
[1] Journ. chem. Soc. **97**, 1926.
[2] Stahl u. Eisen **40**, 742.
[3] Ges. Abh. z. Kenntnis d. Kohle Bd. 3, S. 218.

auf längere Strecken. Für seine Verwertung wurden mehrere Vorschläge gemacht, unter denen am zweckmäßigsten die unmittelbar an seine Gewinnung sich anschließende Vergasung im Generator erscheint. In diesem Falle wäre auch der Stickstoff der Kohle nachträglich als Ammoniak zugute zu bringen. Ferner sind seine Verwendung für Kohlenstaubfeuerungen vorgeschlagen worden. Im Gegensatz zum Hütten- und Gaskoks verbrennt der Halbkoks leicht, und zwar mit nicht rußender Flamme, eine Eigenschaft, die ihn auch für Hausfeuerungen empfiehlt.

Der Tieftemperaturteer (Urteer) unterscheidet sich von dem gewöhnlichen Kokereiteer vor allem durch sein spez. Gewicht, welches unter 1,0, meist bei etwa 0,9 zu liegen pflegt. Chemisch ist er vor allem durch seinen hohen bis 50% der Gesamtmenge betragenden Gehalt an Phenolen gekennzeichnet, welche nur unbedeutende Spuren des Benzophenols, im übrigen aber die drei Kresole, geringe Mengen Brenzcatechin und viele höhersiedende Homologe unbekannter Konstitution enthalten. Der Gehalt an Basen — vermutlich der Pyridin- und Chinolinreihe angehörend — ist sehr gering. Unter den neutralen Bestandteilen vermißt man — was als besonders bemerkenswert hervorgehoben werden muß — größere Mengen der aromatischen Kohlenwasserstoffe, insbesondere die in jedem Kokereiteer leicht nachweisbaren Substanzen Benzol, Naphthalin, Anthrazen[1]. Dagegen ist wiederum charakteristisch das Auftreten von Paraffinen der Grenzreihe C_nH_{2n+n}, unter denen die Glieder mit 24 bis 29 Kohlenstoffatomen durch W. Gluud[2] isoliert worden sind. Weniger sicher ist das Auftreten von Naphthenen C_nH_{2n}, dagegen darf angenommen werden, daß eine große Anzahl von hydroaromatischen Kohlenwasserstoffen, sowie auch von ungesättigten Körpern wie Olefinen sich in diesen neutralen Ölen finden. Diese eigenartige Zusammensetzung des Urteers gibt den aus ihnen gewonnenen Ölen ein von dem altgewohnten Bild der Steinkohlenteeröle recht beträchtlich abweichendes Gepräge: Destilliert man den Urteer, was wegen der leichten Veränderlichkeit, welche viele Bestandteile unter dem Einfluß der Wärme zeigen, zweckmäßig nur im Vakuum geschieht, so erhält man in den Vorläufen statt der Benzole eine Art Benzin, die mittleren, etwa von 200 bis 300° siedenden Fraktionen sind dünnflüssige Öle, welche *keine* Krystallausscheidungen geben; über 300° gehen stark viscöse Flüssigkeiten über, aus welchen geringe Mengen blättriger, fester Paraffinschuppen auskrystallisieren; zum Schluß folgen harzartige, zähe Massen und als Rückstand verbleiben (wenigstens bei einem normalen Urteer) geringe Mengen Pech, das sich äußerlich von dem gewöhnlichen Steinkohlenteerpech nicht unterscheidet. Die viscösen Eigenschaften der höheren Fraktionen, welche diesen äußerlich eine ziemlich weitgehende Ähnlichkeit mit den Mineralschmierölen geben, hat zuerst, und zwar während der Zeit des Schmierölmangels die Aufmerksamkeit der Forscher und später auch der Techniker

---

[1] Diese drei Grundtypen wurden neuerdings, wenn auch in geringer Menge, im Urteer nachgewiesen.

[2] Ges. Abh. z. Kenntnis d. Kohle 2, 298.

auf diese neuartigen Teere gelenkt. Sie ist beiläufig in nicht geringem Maße an die Anwesenheit der Phenole gebunden, deren höhersiedende Anteile dickflüssige Öle bilden. Aber auch nach deren Entfernung hinterbleiben neutrale Öle, welche redestilliert und vom festen Paraffin befreit, in ihrer Viscosität und ihrem Verhalten weitgehend an die Mineralschmieröle erinnern, von denen sie sich nur durch einen etwas größeren Gehalt an olefinartigen (mit Schwefelsäuren verharzbaren) Verbindungen unterscheiden. Somit zeigt das Bild der Aufarbeitung des Urteers eine bemerkenswerte Ähnlichkeit mit der Verarbeitung gewisser Erdöle und hat dazu beigetragen, daß man geradezu dem Gedanken Ausdruck verlieh: Durch eine richtig geleitete Verkokung der Steinkohle bei tiefer Temperatur sei man in der Lage, eine Art Erdöl zu gewinnen, welches durch seine Aufarbeitung auf Benzin, Leuchtöl, Schmieröl, Paraffin die Quelle aller jener Erzeugnisse liefern könne, bezüglich deren man bisher in Deutschland größtenteils auf den Bezug aus fremden Ländern angewiesen war.

Obwohl man von einer Verwirklichung derartiger Ideen noch weit entfernt ist, hat es doch nicht an Vorschlägen gefehlt, den Urteer wirtschaftlich vorteilhaft aufzuarbeiten und seine Destillate in einer, seinen besonderen Eigenschaften gerecht werdenden Weise zu verwerten. Störend wirkt für viele Zwecke die große Menge der in diesen Teeren auftretenden Phenole, welche sich in allen über 200° siedenden Fraktionen bis zu 50% vorfinden. Vor jeder Weiterverarbeitung der Kohlenwasserstoffe müssen diese sauren Bestandteile den Ölen entzogen werden, was solange als eine unwirtschaftliche, die Aufarbeitung verteuernde Arbeit angesehen werden kann, als es an geeigneten Verwendungszwecken für diese Körper fehlt. Eine der ersten Aufgaben der Techniker bestand daher und besteht heute noch in einer, das übliche Verfahren der Behandlung mit Natronlauge vermeidenden Extraktion der Phenole aus den Urteerölen. Zu diesem Zwecke schlägt die *Allgem. Ges. f. chemische Industrie Berlin*, in ihrem D. R. P. Nr. 319 656 vor, die Öle in Pyridin heiß zu lösen und durch Erkalten der Lösung einerseits sowie durch Verdünnen der Lösung mit Wasser andererseits fraktioniert erst das feste Paraffin, sodann die Neutralöle zur Abscheidung zu bringen. Die letzten Mutterlaugen würden dann die Phenole — mindestens im angereicherten Zustand — enthalten. Die gleiche Wirkung suchen die *Riebeckschen Montanwerke* durch Behandlung der Öle mit Alkohol verschiedenster Stärke zu erreichen, welcher für die Phenole ein weit höheres Lösungsvermögen besitzt als für die Neutralöle (D.R.P. Nr. 302 398). Grundsätzlich das gleiche Verfahren wendet die Allgem. Ges. f. chem. Ind. (Anm. A. 24 762[1]) an; nur daß sie zunächst alle Bestandteile in Alkohol löst und in ähnlicher Weise wie nach ihrem Pyridinverfahren durch Erkalten und Verdünnen, fraktioniert die einzelnen Bestandteile zur Abscheidung bringt. In dem D.R.P. Nr. 305 861 beschreibt die gleiche Firma ein Verfahren, die Urteerphenole durch flüssige schweflige Säure den Ölen zu entziehen. Die Ges. f. Teerverwertung G. m. b. H., Dr. *Weißgerber* und Dr. *Moehrle*, haben be-

---
[1] Zurückgezogen.

obachtet, daß die Urteerphenole sich aus ihren Ölen durch eine Lösung von Phenolnatron ausziehen lassen, bzw daß das Ausziehen der Urteerphenole bereits durch unterschüssige Mengen Natronlauge erfolgen kann (Anm. G. 52 838), wodurch erhebliche Ersparnisse an Ätznatron erzielt werden. Das größere Lösungsvermögen von Mitteln wie Benzin, Petroleum, Gasöl für die Kohlenwasserstoffe der Urteeröle benutzt *Landsberg*, Nürnberg, um diese Bestandteile von den Phenolen zu trennen (D.R.P. Nr. 340 074), wobei letztere als schwer löslich, mindestens in angereicherter Form zurückbleiben. Die Verwertungsmöglichkeit für die Bestandteile der Urteeröle ist, wofern man sie nicht einfach als Heizöle zugute bringen will, zunächst noch sehr gering; sie fehlt noch fast gänzlich für die reichlich vorhandenen Phenole und beschränkt sich vorläufig auf die verhältnismäßig geringen Mengen Benzin, Paraffin und Schmieröl, welche in dem Teer enthalten sind. Bezüglich der Phenole schlagen die *Rütgerswerke A.-G.* (D.R.P. Nr. 326 271) vor, ihre Kalksalze als Emulsionsträger für konsistente Schmierfette an Stelle anderer Kalkseifen zu verwenden. Die gleiche Firma hat empfohlen, das Bitumen des Urteerpechs nach seiner Extraktion, Bleichung und Reinigung als Vaselinersatz zu verwerten (D.R.P. Nr. 337 562)[3]. Angesichts der überaus dürftigen, wissenschaftlichen Aufklärung der einzelnen Bestandteile des Urteers und noch mehr des Mangels an Trennungsverfahren und Verwendungszwecken für diese kann von einem Arbeitsgang der Aufarbeitung des Urteers im Sinne der wohl durchgearbeiteten Technik der Kokereiteerindustrie begreiflicherweise nicht die Rede sein. Man begnügt sich vorläufig, durch Destillation unter gewöhnlichem Druck die bis zu 200° siedenden Rohbenzine abzutrennen und hierauf die Destillation im Vakuum oder nach Vorschlägen von *F. Fischer* und *W. Gluud* unter Zuhilfenahme von überhitztem Wasserdampf fortzusetzen. Die bis 300° (760 mm) übergehenden Öle können vermutlich als Treiböl für Dieselmotore (Treibölfraktion) Verwendung finden,

Übersicht II. Ergebnisse von Urteerdestillationen.

	Siedepunkt etwa	Urteer[1] aus dem Großbetrieb %	Urteer[1] aus einem Generator %	Urteer[2] im Laborat. gewonnen %	Urteer[2] im Generator gewonnen %
Rohbenzin	60—200	1,05	1,95	—	—
Phenole	—	—	—	50,0	37,8
Nichtviscöse Öle, phenolhaltig	200—300	26,50	·46,5	—	—
Nichtviscöse Öle, phenolfrei	—	—	—	15,0	17,7
Viscöse Öle, phenolhaltig	über 300	26,70	13,7	—	—
Viscöse Öle, phenolfrei		6,0	8,0	10,0	11,3
Harz		—	—	1,0	0,7
Pech		40,0	31,6	6,0	15,0
Paraffin		0,6	0,6	1,0	0,8
Wasser und Destill.-Vorlauf		5,15	5,65	17,0	16,7

[1] Nach Versuchen im Laboratorium der Gesellschaft für Teerverwertung m. b. H.
[2] Nach Versuchen im Laboratorium des Kohlenforschungsinstituts Mülheim a. R.
[3] Bemerkenswerte, neuere Vorschläge zur Extraktion und Verwertung der Urteerphenole s. P.A.F. 50 746 (*Fr. Fischer*) und Ges. Abh. z. Kenntnis d. Kohle 4, 373.

während die über 300° siedenden, viscösen Anteile entweder als solche oder besser nach Herausnahme der Phenole und des festen Paraffins als Schmieröl verwertet werden. Das Pech kann vermutlich zu den gleichen Zwecken wie Kokereiteerpech verwendet werden; gelingt es, auch im Großbetrieb die Urverkokung so vorsichtig zu leiten wie bei den grundlegenden Laboratoriumsversuchen, so wird seine Menge so gering sein, daß es eine wesentliche Bedeutung bei der Verarbeitung des Urteers überhaupt nicht erlangen wird. In Übersicht II finden sich die quantitativen Ergebnisse einiger Urteerdestillationen zusammengestellt; sie erweisen vorläufig noch eine recht erhebliche Verschiedenheit unter den Teeren verschiedener Herkunft.

E. Die Technik der Tieftemperaturverkokung.

a) Generatoren.

In Deutschland hat man im Laufe des Krieges, in dem Wunsche, die hochviscosen Öle des Urteers zu gewinnen, vorgeschlagen[1], letzteren aus den Betrieben der Steinkohlengeneratoren zu entnehmen, welche bereits in großer Anzahl vorhanden waren und demnach eine sofortige laufende Erzeugung des neuen, schmierölhaltigen Teers gestatteten: Im Generator durchwandern die zugeführten Kohlen verhältnismäßig langsam die verschiedensten Temperaturzonen, bis sie zur Vergasung gelangen. Im Bereich dieser Zonen muß sich zweifellos eine solche finden, in der die Kohle bei Temperaturen etwa zwischen 350 und 600° verschwelt wird. An dieser unschwer zu ermittelnden Stelle waren die Schwelgase und der Schwelteer getrennt von den eigentlichen Generatorgasen abzusaugen und aus ihnen durch Abkühlung in bekannter Weise der Teer zu gewinnen. Derartige Urteergewinnungen aus Steinkohlengeneratoren sind, zuerst im Saargebiet, später auch in anderen Kohlenbezirken, nach den verschiedensten Vorschlägen zum Teil in bestehende Generatoren eingebaut, zum Teil neu angelegt worden.

So aussichtsvoll im Anfang dieser neue Weg zu einem hochwertigen Destillationsprodukt der Kohle zu gelangen erschien, so sehr stieß er bald nach seinem Beschreiten auf ernste Einwürfe und Bedenken, und so wenig hat er zu einer Erzeugung von Urteer im großen Maßstabe bisher geführt. Die Hüttenleute hatten an diesem Verfahren eine Entwertung ihres Generatorgases in wärmetechnischer Beziehung zu beanstanden, auch die wirtschaftliche Bewertung des enthaltenden Teeres hielt mit den Kosten seiner Gewinnung nicht Schritt, zumal sich gegen die Verwendung der aus ihm erhaltenen phenolreichen Schmieröle nicht unbegründete Einwände erhoben. Vor allem aber dürfte der so gewonnene Urteer wohl selten in ganz strengem Sinne ein Tieftemperaturteer sein, denn eine verhältnismäßig geringfügige Verschiebung der Schwelzone, wie sie selbst durch kleinere Störungen im Betrieb oder durch Randfeuer hervorgerufen werden kann, bedingt eine Überhitzung des Teeres und damit zugleich seinen Übergang in gewöhnlichen Kokereiteer.

---

[1] *Fr. Fischer* und *W. Gluud*, Ges. Abh. z. Kenntnis d. Kohle **1**, 118.

b) Drehofenbetrieb.

Wesentlich einwandfreier und leistungsfähiger gestaltet sich die Erzeugung von Urteer im Drehofenbetrieb, wie er diskontinuierlich für Laboratoriumszwecke von *Franz Fischer* und *W. Gluud*[1] empfohlen und für die kontinuierliche Arbeit im großtechnischen Maßstab von der Firma *Thyssen & Co.* in Mülheim-Ruhr ausgebildet worden ist[2]. In diesem Apparat (Fig. 1) gelangt die Kohle, nötigenfalls nach voraufgegangener Zerkleinerung bis zur Nußgröße, in eine in langsamer Drehung befindliche, schmiedeeiserne, mit Schamotte ausgefütterte Trommel, in welcher sie durch eingebaute spiralförmig angeordnete Segmente langsam weiter befördert wird, während gleichzeitig bei einer Temperatur von 400 bis 500° ihre Verschwelung erfolgt. Zu diesem Zweck wird die Trommel durch einen Teil des entwickelten Gases von außen beheizt. Der Halbkoks verläßt die Trommel, wird sofort durch Wasser abgelöscht und automatisch nach dem Ort seiner Weiterverarbeitung (Generator) befördert. Die Temperatur des Inneren der Trommel wird dauernd durch elektrische Temperaturmessungen kontrolliert. Das Schwelgas durchstreicht eine Reihe von Kondensationseinrichtungen, die im wesentlichen den bekannten und gut durchgearbeiteten Einrichtungen der gewöhnlichen Kokerei nachgebildet sind. Es werden sowohl Urteer, als auch schwere und leichte Öle, und zwar getrennt kondensiert. Die Leistung des Apparates ist in letzter Zeit bedeutend gesteigert worden und beträgt z. B. 100 t Steinkohlen in 24 Stunden. Die Ausbeuten an den einzelnen Erzeugnissen schwanken naturgemäß mit der Beschaffenheit der Kohle. Aus Gasflammförderkohle der *Gewerkschaft Friedrich Thyssen* wurden in dem beschriebenen Drehofen im Durchschnitt gewonnen:

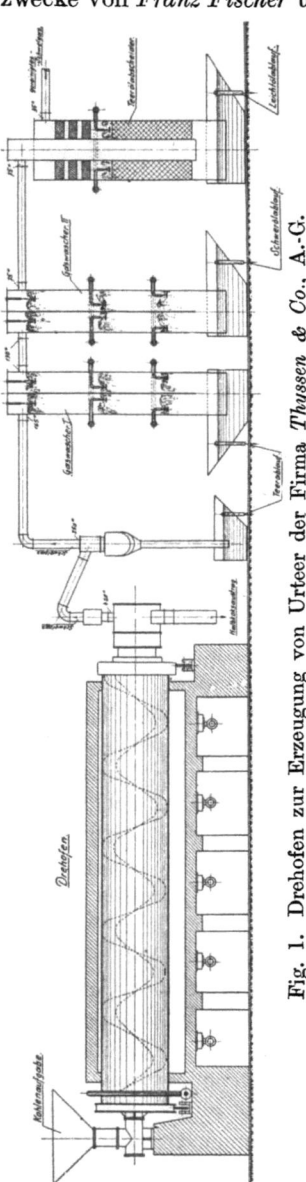

Fig. 1. Drehofen zur Erzeugung von Urteer der Firma *Thyssen & Co., A.-G.*

je Tonne Kohle:
wasserfreier Urteer 100 kg . . . . = 10%
Rohbenzin —200° siedend 30 kg . . . . . = 3%
Halbkoks 650 kg . . . . = 65%
Schwelgase mit durchschnittlich 7000 WE. . 150 cbm

---
[1] Abh. z. Kenntnis d. Kohle 1, 122.
[2] Besonderen Erfolg haben hier die Arbeiten der Herren Direktoren Dr. *Heckel* und Dr. *Roser* gehabt. Stahl und Eisen 1920, S. 741.

F. Die Wirtschaftlichkeit der Urteergewinnung.

Was die wirtschaftliche Bedeutung des Urteers bzw. seiner Destillate angeht, so kann diese vorerst kaum in etwas anderem liegen, als in dem Wert seiner Öle als Heiz- und voraussichtlich auch Treiböle. Die viel diskutierte Bedeutung der höher siedenden Fraktionen als Schmieröl wird unleugbar durch den hohen Gehalt an Phenolen beeinträchtigt. Werden diese zwecks Verbesserung der Qualität entfernt, so bedeutet das eine starke Verteuerung der Öle, zumal für die Phenole selbst ein auch nur einigermaßen annehmbarer Verwendungszweck noch nicht gefunden worden ist. Die viscösen, phenolfreien Fraktionen des Urteers können allerdings als gut brauchbare Schmieröle Verwendung finden. Ihre Menge beträgt dann etwa 5 bis 8% des Teers. Einwandfreie größere Erfahrungen über ihr Verhalten in der Praxis liegen noch nicht vor. Die Menge des aus den höheren Fraktionen sich ausscheidenden, festen Paraffins ist viel zu gering, um auf den wirtschaftlichen Wert des Urteers einen nennenswerten Einfluß auszuüben. Das gleiche kann von dem im Urteer auftretenden Benzin gelten.

Eine andere Frage ist dagegen, ob die Gewinnung des Urteers nicht insofern wertvoll sein kann, als die Ausbeute an ihm und damit an brennbaren Ölen aus den dazu geeigneten Kohlen eine ungleich höhere ist, als wie die an Kokereiteer. Setzt man die auf die eine oder andere Art der Verkokung erhältlichen öligen Substanzen allein in Rechnung, so schneidet allerdings bei diesem Vergleich die Urteergewinnung recht günstig ab. Hierbei darf nicht vergessen werden, daß nicht jede Kohle sich zur Urteergewinnung eignet. Insbesondere ist die große, zur Verfügung stehende Menge der Fettkohlen kein brauchbares Ausgangsmaterial für Urteer. Dieser erfordert vielmehr zu seiner Gewinnung eine magere, gasreiche Kohle (Gasflammkohle), kann aber auch — und das ist besonders hervorzuheben — aus gewissen, gasreichen Kohlen erhalten werden, die sich für die gewöhnliche Kokerei, schon wegen der Qualität des entfallenden Kokses, oder für andere Zwecke wegen des hohen Aschegehaltes nicht eignen. Für Kohlen dieser Beschaffenheit kann die Urteergewinnung in der Tat von einer hohen wirtschaftlichen Bedeutung werden, ja ist vielleicht das einzig mögliche Verfahren, um das in diesen enthaltene Bitumen technisch auszubeuten.

G. Die Destillationskokerei (Hochtemperaturverkokung).

Die großzügige Entwicklung der Hochtemperaturverkokung, Kokerei im eigentlichen Sinne, hat von der Gewinnung des Kokses ihren Ausgang genommen. Da dieser für hüttenmännische Zwecke, und zwar in erster Linie für die Gewinnung des Eisens in schnell zunehmendem Umfang benötigt wurde und demgemäß auch für diesen Verwendungszweck geeignet sein muß, ergeben sich aus dieser Sachlage zwei für die Beschaffenheit der Nebenerzeugnisse, insbesondere des Steinkohlenteers, wichtige Umstände: Erstens muß die Verkokung, um dem Koks seine für den Hochofenbetrieb notwendige Festigkeit zu geben, bei heller Rotglut, d. h. bei einer Temperatur erfolgen, welche bewirkt, daß der Teer ein vorwiegend aus aromatischen Substanzen bestehender „Kokereiteer" wird. Zweitens wird man bei der Auswahl der zu verkokenden Kohle nicht sowohl die Ausbeuten an den Nebenerzeugnissen Ammoniak, Benzol, Teer, Gas, sondern die einer typischen „Kokskohle" beizulegenden Eigenschaften, wie sie in Übersicht I bereits charakterisiert wurden, berücksichtigen. Es kann als ein glückliches Zusammentreffen bezeichnet werden, daß eine gute Kokskohle, wie sie in Deutschland besonders das Ruhrrevier aufzuweisen hat, auch hinsichtlich der Menge und Beschaffenheit der Nebenerzeugnisse durchaus befriedigt. Die erfolgreiche Durchbildung der Nebenproduktenindustrie in der Kokerei ist nicht allzu alt. Gegenüber den ersten, äußerst primitiven Anfängen in der Erzeugung von Hüttenkoks aus Steinkohle war es schon ein Fortschritt, als man in sog. Bienenkorböfen die Koksausbeute, wenn auch ohne nennenswerte Gewinnung von Nebenerzeugnissen, erheblich steigern konnte, ein Verfahren, das sich übrigens in Einzelfällen — besonders im Ausland — bis in die jüngste Zeit erhalten hat. Etwa Mitte vorigen Jahrhunderts begann man in Frankreich zum erstenmal in geschlossenen Öfen Steinkohle zu verkoken und mit Beginn der achtziger Jahre wurde in Deutschland, und zwar im Ruhrrevier, die Destillationskokerei unter Gewinnung eines Teiles der Nebenerzeugnisse mit rasch zunehmenden Erfolgen aufgenommen. Zahlreich sind die Verbesserungen und weiteren technischen Ausbildungen, welche inzwischen diese den Kohlenzechen angegliederte Industrie erfahren hat. Eine Reihe von Firmen mit Weltruf[1] befassen sich heute in Deutschland ausschließlich mit dem Bau derartiger Anlagen, deren allgemeine, wirtschaftliche Bedeutung gerade im letzten Jahrzehnt noch eine erhebliche Steigerung erfahren hat. So wurde bereits bei Beginn des Krieges rund $1/4$ der deutschen Jahresförderung an Steinkohle, welche damals 190 Millionen t betrug, verkokt und bis auf einen geringen Anteil (etwa 10%) auf Nebenerzeugnisse verarbeitet.

H. Die Chemie der Kokerei.

Die Temperatur, welche bei der Verkokung der Steinkohle überschritten werden muß, um normalen Kokereiteer zu erzeugen, liegt etwa bei 700°, doch vollzieht sich in der Praxis dieser Prozeß meist etwa bei 800 bis 1000°. Wird die ersterwähnte Temperatur unterschritten, so entstehen, wie wir sahen, die chemisch gänzlich andersgearteten Erzeugnisse der Tieftemperaturverkokung, aber auch eine übermäßige Steigerung der Verkokungstemperatur gibt dem chemischen Verlauf der Kokerei eine vom Normalen abweichende Richtung, insofern dann ein Zurückgehen des Gehaltes an methylierten Kohlenwasserstoffen und Phenolen, sowie ein vermehrtes Auftreten permanenter Gase und der aromatischen Stammkohlenwasserstoffe beobachtet wird, eine Erscheinung, die man auch als eine Krackung des normalen Kokereiteers bezeichnen könnte. Übrigens gestattet auch die Rücksicht auf die Koksbeschaffenheit keine großen Abweichungen von dem Temperaturoptimum, welches bei den oben erwähnten Graden zu

---

[1] Genannt seien nur Dr. *Otto*, Bochum; *Heinr. Koppers* und *Gebr. Hinselmann*, Essen; *Still*, Recklinghausen usw.

liegen pflegt. Aus dem bisher Gesagten geht schon hervor, daß naturgemäß auch die Zusammensetzung der Kokskohle einen entscheidenden Einfluß auf die Beschaffenheit der Kokereierzeugnisse ausübt, aber, mögen auch hierbei Schwankungen namentlich quantitativer Art auftreten, so bleibt doch chemisch der Grundcharakter dieser Erzeugnisse stets erhalten.

Betrachten wir in großen Zügen die chemische Beschaffenheit der in der Kokerei entstehenden Nebenerzeugnisse, also des Gases und des Teers, so ergibt sich hinsichtlich des ersteren folgendes Bild: Der Hauptbestandteil der Kokereigase ist der Wasserstoff. An Kohlenwasserstoffen treten Methan, daneben aber auch nennenswerte Mengen der ersten Glieder der Äthylen- und Acetylenreihe auf. Weitere Bestandteile sind Kohlensäure, Kohlenoxyd, Schwefelwasserstoff, Cyanverbindungen, freier Stickstoff und das wirtschaftlich hochwichtige Ammoniak. Neben diesen bei nicht zu starkem Abkühlen noch gasförmigen Körpern enthält das Rohgas dampfförmig: Benzol und seine Homologen, deren Gewinnung durch besondere, im Laufe der Zeit gut durchgebildete Absorptionseinrichtungen ein nie fehlender Teil dieser Industrie geworden ist. Wie bei jeder Verkokung der Steinkohle, findet auch hier die Abspaltung von Wasser statt, welches bei der Abkühlung der Gase sich in tropfbar flüssiger Form gemeinsam mit einem Teile des auftretenden Ammoniaks niederschlägt. Die Chemie des Steinkohlenteers wird uns im zweiten Teil dieses Buches zu beschäftigen haben, hier mögen seine Bestandteile nur insofern charakterisiert werden, als wir in ihnen nahe zu ausschließlich die sog. aromatischen Verbindungen vorfinden, d. h. Körper, deren Atomgruppen ringförmig angeordnet sind und die vermöge ihrer eigenartigen Konstitution sowie der in ihnen auftretenden Bindungsverhältnisse eine Reihe von typischen Reaktionen aufweisen, welche im allgemeinen nur ihnen allein zukommen. Sie können, und das ist vor allem bemerkenswert, in Rücksicht auf ihre Entstehung als die weitaus beständigsten und gegen chemische Eingriffe in ihrem Grundcharakter widerstandsfähigsten, organischen Verbindungen gelten.

Übersicht III enthält die quantitativen Ergebnisse der Verkokung im Großbetrieb, wobei absichtlich recht verschiedenartige Kohlen als Beispiele gewählt worden sind.

Übersicht III. Quantitative Ergebnisse der Kokerei.

	Grube „Heinitz" %	„Rheinelbe" %	„Germania" %	„Admiral" %
Koks, wasserfrei	73,95	76,83	81,71	85,12
flüchtige Bestandteile	26,05	23,17	18,29	14,88
zusammen	100,00	100,00	100,00	100,00
Die flüchtigen Bestandteile sind:				
Ammoniak (NH_3)	0,280	0,372	0,301	0,286
Teer	1,93	2,54	1,89	1,21
Gaswasser	6,77	5,778	3,799	2,864
Kohlensäure (CO_2)	1,76	1,13	1,08	0,63
Schwefelwasserstoff (H_2S)	0,23	0,25	0,35	0,49
Rohbenzole	1,43	1,30	0,85	0,59
Koksofengas	13,65	11,80	10,02	8,81
	26,05	23,17	18,29	14,88

Die Gasmenge beträgt bei 760 mm Druck:

0° trocken	300,6	273,3	274,6	261,90 ⎫ cbm
15° feucht	322,5	292,9	294,6	281,00 ⎬ auf 1 t
einschl. CO_2, H_2S, C_6H_6	337,9	304,7	305,4	289,80 ⎭ Kohle.

Zusammensetzung der Gase:

	%	%	%	%
Schwere Kohlenwasserstoffe	3,9	3,6	2,9	2,5
Kohlenoxyd	9,2	8,1	4,7	3,9
Wasserstoff	54,5	53,4	60,7	65,4
Methan	30,6	34,0	30,0	25,5
Stickstoff	1,8	0,9	1,7	2,7
	100,0	100,0	100,0	100,0

I. Die Kokereitechnik.

a) Aufbereitung der Kohle.

Im allgemeinen wird der Kokerei nur Feinkohle zugeführt. Zu deren Gewinnung unterwirft man die Förderkohle, unmittelbar nachdem sie die Grube verlassen hat, einer ziemlich weitgehenden Sortierung, scheidet zunächst auf Sortierrosten die für den weiteren Versand besonders geeigneten, großen Stücke aus und trennt alles übrige durch mechanische Siebvorrichtungen in Grobkohle (10 bis 80 mm Korngröße) und Feinkohle (0 bis 10 mm Korngröße). Zur Weiterbearbeitung der letzteren gilt es, bevor sie der Kokerei zugeführt wird, zunächst die in ihr enthaltenen Verunreinigungen, bestehend in Schieferteilchen und Schwefelkies, zu entfernen. Zu diesem Zwecke macht man sich den verhältnismäßig großen Unterschied, welcher zwischen den spezifischen Gewichten der letzteren (Schiefer etwa 2,4, Schwefelkies etwa 5,0) und dem der Kohle (etwa 1,3) besteht, zunutze und trennt sie durch Schlämmen mit Wasser. In sog. Setzmaschinen wird die rohe Feinkohle im langsamen Wasserstrom, dessen Niveau durch eine Kolbenpumpe abwechselnd gehoben und gesenkt wird, einem Trennungsprozeß nach obigem Prinzip unterworfen, wobei die schwereren „Berge" zu Boden sinken und nach dem Passieren eines ventilartig wirkenden Siebes in dem unteren Teil der Maschine sich ansammeln. Von da werden sie durch Entleerungsschieber entfernt und gewöhnlich noch einer ähnlich wirkenden Nachwäsche unterzogen. Die gewaschenen Feinkohlen gelangen in Trockentürme, in denen mit Hilfe gelochter Abflußröhren die Entfernung des Wassers und die weitere Austrocknung der Kohle bewerkstelligt wird. Mit einem Wassergehalt von 12 bis 14% wird die gewaschene Feinkohle, nachdem sie durch mechanische Transporteinrichtungen in einen größeren Vorratsturm befördert worden ist, der Verkokung zugeführt.

b) Koksöfen.

(Fig. 2.) Die Verkokung der Kohle erfolgt in geschlossenen, aus Schamottesteinen gebauten Kammern mit rechteckigem Querschnitt, deren Seitenwände wie Sohle durch Kokereigas bis auf helle Rotglut erhitzt werden. Die Kammern sind zu einer größeren Anzahl (vielfach 60) aneinandergereiht und werden als einheitliches Ganzes (Koksofenbatterie) betrieben, die aus den Öfen entwickelten Gase werden daher auch ge-

Fig. 2. Steinkohlenbergwerk *Friedrich Heinrich*, Lintfort (Kreis Mörs). Öfen mit Kohlenturm (Bauart *Hinselmann*).

meinsam verarbeitet, sie werden von ihrem Teer, Benzol, Ammoniak befreit und hierauf zum Teil zur Beheizung der Koksöfen verwandt, zum Teil zur Erzeugung von Dampf unter dem Kessel oder aber von Kraft in Gas-

Weißgerber, Chem. Technologie des Steinkohlenteeres. 2

kraftmaschinen verbrannt. Dementsprechend unterscheidet man verschiedene Ofensysteme: Bei den in der Mehrzahl der Fälle verwendeten Regenerativöfen beheizt man die Kammern mit einem Teil des erzeugten, von Teer und Benzol befreiten Gases und führt den Rest, dessen Menge je nach der Art der Kohle 50 und mehr Prozent der Gesamtmenge betragen kann, beliebigen Verwendungszwecken zu (Beleuchtung, Dampf- und Krafterzeugung). Die Wärme der Verbrennungsgase verwendet man hier im wesentlichen zur Vorwärmung der zur Verbrennung erforderlichen Luft im sog. Regenerator.

Die Abhitzeöfen stellen eine möglichst enge Verbindung des Koksofens mit dem Dampfkessel dar, denn obwohl auch bei ihnen die Beheizung der Kammer durch einen Teil des bei der Verkokung entwickelten Gases erfolgt, wird die Wärme der Verbrennungsgase doch hier in erster Linie zur Erzeugung von Dampf verwendet, indem man sie unmittelbar dem Heiz- oder Flammrohr der Dampfkessel zuführt.

Unter einem Verbundofen versteht man endlich eine Anlage, in welcher die Kammern beliebig entweder mit einem Teil des eigenen Gases, oder aber mit minderwertigem Generator- oder Hochofengas beheizt werden. In letzteren beiden Fällen ist allerdings sowohl eine Vorwärmung der Verbrennungsluft als auch der Heizgase selbst erforderlich.

Die von den verschiedensten Ofenbaufirmen konstruierten Koksöfen zeigen nur verhältnismäßig geringfügige Unterschiede prinzipieller Natur.

In folgendem sei zur Vermittlung des Verständnisses dieser Anlagen ein Regenerativofen der Firma *Hinselmann*, Essen, beschrieben (Fig. 3): Die noch etwa 12 bis 14% Wasser enthaltende Kokskohle wird durch den elektrisch betriebenen Füllwagen a über die zu füllende, etwa 9 t trockne Kokskohle fassende Kammer gefahren, deren Beschickung unter Benutzung der Füllschächte a_1 in wenigen Minuten vor sich geht. Die Beheizung der in feuerfesten (Silika-) Steinen ausgeführten, geschlossenen Kammern erfolgt von den Seitenwänden aus durch eine Reihe (30 bis 35) von Gasbrennern (b und b_1), welche zwischen je zwei Kammern in geschlossenen Heizzügen angeordnet sind. Der Betrieb geht nun so vor sich, daß abwechselnd jeweils die Hälfte der Brenner betätigt wird, und daß deren hocherhitzte Abgase in den Heizzügen der anderen Wandhälfte herabfallen, die Kanäle k der Ofensohle passieren und endlich durch den Verbindungskanal i nach dem Regenerator h gelangen, an dessen Gitterwerk sie alle fühlbare Wärme abgeben. Durch g und f gelangen sie endlich in den Fuchs e, der mit dem Schornstein in Verbindung steht. Es findet nun jeweils nach etwa 25 Minuten eine Umsteuerung dieser Heizung in der Weise statt, daß dann die Brenner der anderen Wandhälfte in Betrieb gesetzt werden und die Verbrennungsluft nunmehr durch den hocherhitzten Regenerator angesaugt wird. Der Luftstrom bewegt sich dann in der entgegengesetzten Richtung, aber auf demselben Wege wie vordem die Heizgase und tritt durch die Schlitze l in die Heizzüge im erwärmten Zustande ein. Selbstverständlich nimmt für diese Periode ein zweiter Regenerator genau in der gleichen Weise wie der erste die Wärme der abziehenden Gase auf. Die gasförmigen Erzeugnisse der

Die Kokereitechnik. 19

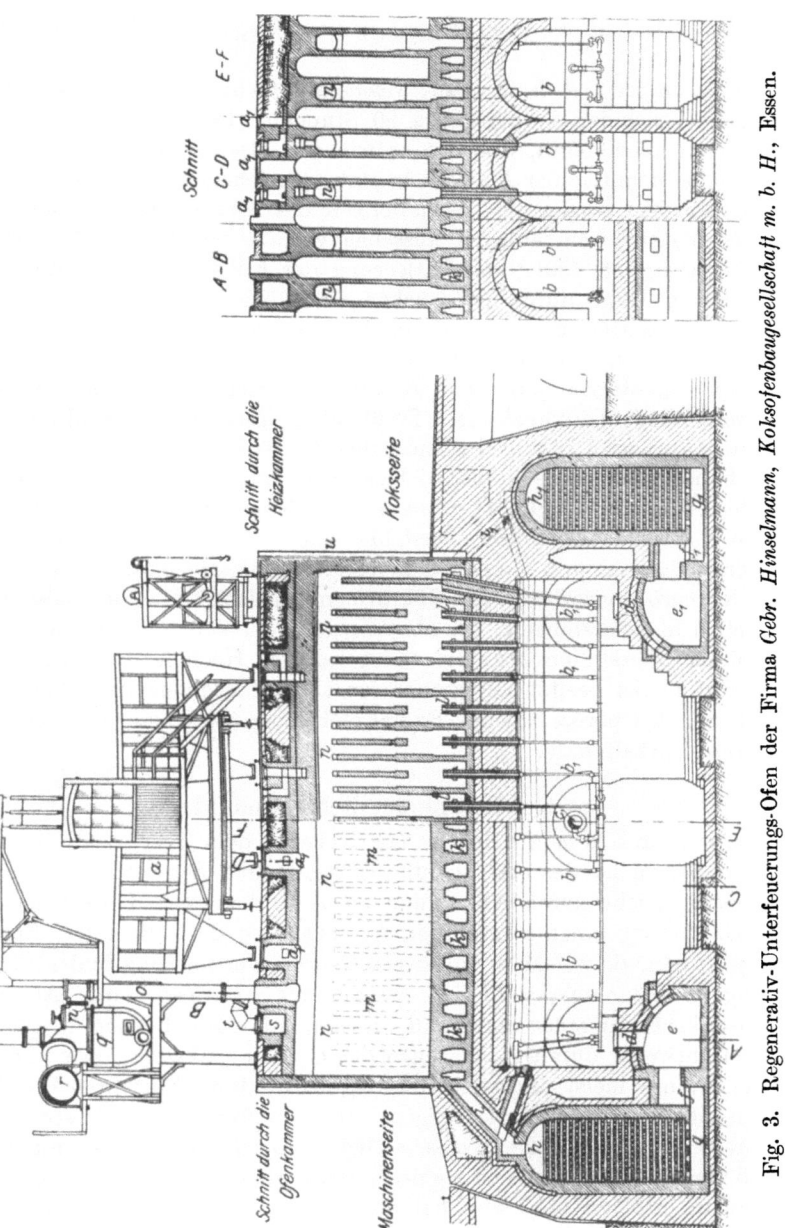

Fig. 3. Regenerativ-Unterfeuerungs-Ofen der Firma *Gebr. Hinselmann, Koksofenbaugesellschaft m. b. H.*, Essen.

Verkokung entweichen durch eine in der Decke der Kammer angebrachte Öffnung, in welche das Steigerohr o eingemauert ist; sie gelangen durch den Schieber p in die für sämtliche Kammern gemeinschaftliche Vorlage q, in welcher bereits ein Teil des Teers sich verdichtet. Die Ableitung r dieser

Vorlage leitet sodann die Gase weiter zu den Anlagen der Nebenproduktengewinnung.

Die Garungszeit, d. h. die Zeit, welche zur völligen Verkokung des Einsatzes erforderlich ist, beträgt etwa 30 Stunden. Das Ende des Prozesses erkennt man auch daran, daß das entwickelte Gas nicht mehr mit leuchtender, sondern mit fahler Flamme brennt. Entscheidend für die Zeitdauer ist aber auch hier wieder die Beschaffenheit des Kokses, die sich dem Kundigen schon durch sein äußeres Aussehen verrät. Sobald der Zustand der Garung erreicht ist, findet die Entleerung der Koksöfen statt, welche auf mechanischem Wege durch Ausdrücken der glühenden Koksmasse erfolgt. Zu dem Ende werden die während der Verkokung gut abgedichteten Türen, welche die beiden Schmalseiten der Kammer verschließen, hochgezogen, worauf eine elektrisch betriebene Koksausdrückmaschine einen dem Profil der Kammer etwa entsprechenden Preßkopf in diese einführt und den meist zusammenhängenden Inhalt als Ganzes herausdrückt. Der auf die geräumige Verladebühne gelangende glühende Koks wird sogleich durch kräftige Wasserstrahlen abgelöscht (Fig. 4), wobei er in größere Stücke zerfällt, die ohne weiteres versand- oder verbrauchsfähig sind. Nur ein beschränkter Teil wird durch Brechen und Aussieben in verschiedene, gleichfalls verwendungsfähige Korngrößen zerlegt. Die Hauptmenge gelangt von der Löschbühne unmittelbar in tieferstehende Eisenbahnwagen zum Versand, oder wird durch mechanische Fördereinrichtungen nahegelegenen Hochöfen zugeführt. Ein guter Hüttenkoks besitzt ein graues bis silberglänzendes Aussehen, bildet große, feste, aber poröse Stücke. Er soll nicht über 5% Wasser und nicht über 10% Asche enthalten.

c) Gewinnung der Nebenprodukte.

Von den drei Nebenprodukten der Kokerei, dem Teer, dem Ammoniak und dem Benzol ist das erstgenannte infolge seiner Schwerflüchtigkeit verhältnismäßig leicht durch Abkühlung abzuscheiden. Das Benzol bedarf zu seiner Gewinnung einer sorgfältigen Auswaschung der entteerten Gase mit Lösungsmitteln, als welche vorzugsweise Teeröle Verwendung finden. Die Gewinnung des Ammoniaks endlich, welche nur zum Teil durch Abkühlung der Gase in Form einer ammoniakalischen, wäßrigen Lösung möglich ist, läßt sich entweder durch Auswaschen der Gase mit Wasser, oder aber nach dem neuerdings meist angewendeten sog. ,,direkten" Verfahren durch Absorption mit Säuren bewerkstelligen. Die Einführung des letztgenannten Verfahrens, welches große, wirtschaftliche Vorteile bietet, ist nicht ohne Einfluß auch auf die Ausscheidung des Teers geblieben, welche hier bei höherer Temperatur erfolgen muß und hat auch sonst mancherlei Anregungen der Nebenproduktentechnik gegeben. Betrachten wir zunächst das ältere in-direkte Verfahren der Abscheidung von Teer und Ammoniak, so gestaltet sich dies wie folgt: In der unmittelbar an die Steigerohre der Öfen angeschlossenen gemeinschaftlichen Vorlage scheidet sich bereits infolge der Abkühlung der etwa 500° heißen Gase durch die äußere Luft ein Teil des Teers ab und läuft von hier unmittelbar zu gemeinschaftlichen Sammelgruben. Zur Steigerung dieser ersten Kondensation und um das Festsetzen kohlenstoff- und salzreicher Massen zu verhüten, wird die Vorlage gleichzeitig mit dünn-

Fig. 4. Löschen des Kokses nach dem Ausdrücken (*Gebr. Hinselmann*).

flüssigem Teer durchspült. Das die Vorlage verlassende Gas ist nunmehr zur vollkommenen Abscheidung des Teers und des wäßrigen — ammoniakalischen — Kondensates bis auf Tagestemperatur herunterzukühlen, was allerdings schon zum Teil in den meist langen und weit bemessenen Rohrleitungen erfolgt. Zur Vervollständigung dieser Kondensation dienen Luft- und Wasserkühler. Erstere bestehen aus einem doppelwandigen Blechzylinder, zwischen dessen Wänden das Gas herabfällt, während die Kühlung teils von außen durch die umgebende Luft, teils im Innern durch den schornsteinartig emporgetriebenen Luftstrom erfolgt.

Die Wasserkühler bestehen entweder aus den bekannten Röhrenkühlern, bei welchen in diesem Falle das Kühlwasser in den Röhren emporsteigt, während das Gas die gekühlten Röhren umspült, oder man wendet sog. Horizontalkühler an, bei denen das Wasser die in einem kastenartigen Behälter angeordneten, horizontalen Kühlwasserrohre emporsteigt, während im Gegenstrom das Gas innerhalb des Gehäuses — die Wasserrohre umspülend — herabfällt. Die auf die eine oder andere Weise gewonnenen Kondensate werden nach oberflächlicher Trennung in Teer und Ammoniakwasser in Sammelgruben vereinigt. Bei guter Abkühlung werden etwa $^3/_4$ des im Gas enthaltenen Ammoniaks durch Kondensation in Form seiner wäßrigen Lösung gewonnen. Der Rest muß nunmehr noch durch Absorption mit frischem Wasser dem Gas entzogen werden. Zu diesem Zweck leitet man das letztere durch Wascher, welche aus 10 bis 15 m hohen, $2^1/_2$ bis 3 m weiten Zylindern bestehen, in denen kreuzweis übereinandergelagerte Holzhorden für eine möglichst weitgehende Verteilung des über sie herabrieselnden Wassers sorgen. Im Gegenstrom steigt das Gas von unten in den Waschern empor. Zweckmäßig vereinigt man mehrere derartige Wascher so, daß das ammoniakärmste Gas mit Frischwasser, das ammoniakreichste Gas mit dem halbangereicherten Berieselungswasser des nächstfolgenden Waschers behandelt wird.

Man gewinnt auf diese Weise ein Gaswasser mit etwa 1% Ammoniak, welches zwecks weiterer Verarbeitung mit dem in den Teerkühlern entstandenen, wäßrigen Kondensat vereinigt wird und das Gesamtammoniak teils in freiem Zustande, teils gebunden an flüchtige Säuren wie Schwefelwasserstoff, Kohlensäure, Cyanwasserstoff, sowie anorganische (sog. fixe) Säuren wie Salzsäure, enthält.

d) Verarbeitung des Ammoniaks.

Weitaus die größte Menge des aus den Kokereien entstammenden Ammoniaks wird auf Ammonsulfat für die Zwecke der Landwirtschaft verarbeitet. Mit der Überführung großer Mengen von Ammoniak in Salpetersäure hat die die letztere erzeugende Industrie als Ausgangsmaterial für ihre Betriebe vielfach das sog. verdichtete Gaswasser verwendet, welches dadurch gleichfalls zu einem Erzeugnis der Kokereianlagen geworden ist. Für beide Fabrikationen ist das Ammoniak aus seiner Verbindung, mindestens mit den anorganischen Säuren, freizumachen und in möglichst wasserarmer Form durch Destillation aus dem Gaswasser auszutreiben. Zu diesem Zweck entzieht man in sog. Abtreibeapparaten dem Gaswasser unter Zusatz von Ätzkalk durch Destillation das Ammoniak und verwandelt letzteres entweder durch Einleiten in Schwefelsäure in das als Handelsmarke seit langer Zeit eingeführte Sulfat, oder aber gewinnt es in Form einer 16 bis 18% NH_3 enthaltenden wäßrigen Lösung, dem „verdichteten" Ammoniakwasser. Die zur Verarbeitung des Gaswassers dienenden Apparate sind etwa seit

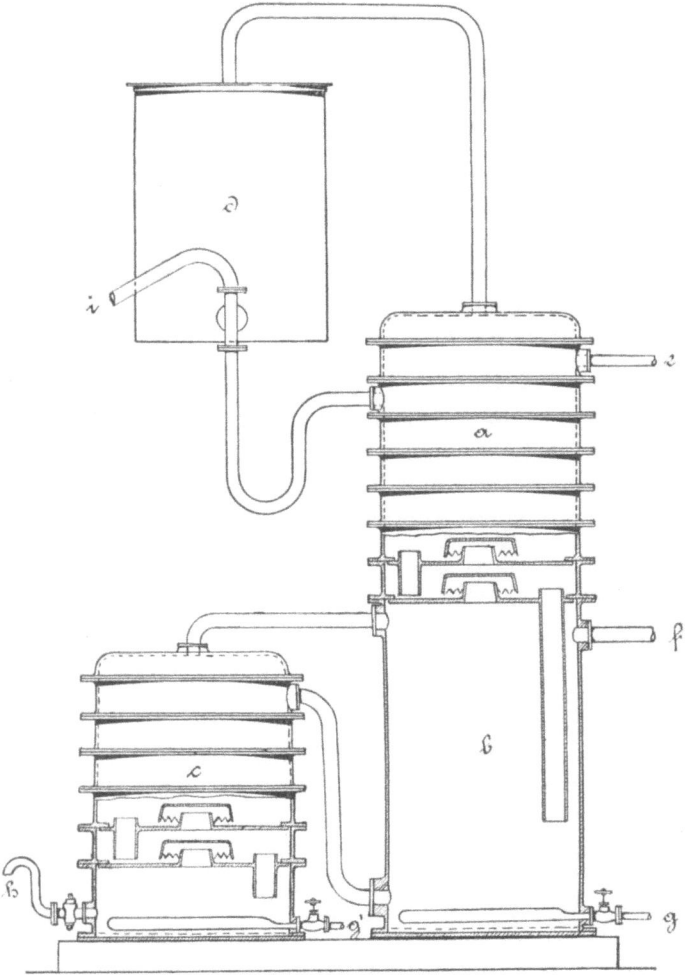

Fig. 5. Ammoniakkolonne.
a Kolonne für kalkfreies Ammoniakwasser. b Kalkkammer.
c Kolonne für kalkhaltiges Ammoniakwasser. d Kondensator.
e Eintritt des Kalkwassers. g, g' Dampfeintritt. k Austritt
des Abwassers. i Austritt des Ammoniaks.

Ende des vorigen Jahrhunderts durch Einführung der kontinuierlichen arbeitenden Kolonnenapparate zu einem hohen Maß technischer Vervollkommnung gelangt. Sie bestehen heute, unbeschadet der zahlreich vorhandenen Spezialkonstruktionen, im wesentlichen aus einer Glockenkolonne (Fig. 5), in welcher das Wasser von Boden zu Boden dem entgegenströmenden

Dampf entgegenläuft und somit in zweckmäßigster Weise nach dem Gegenstromprinzip durch Auskochen von seinem flüchtigen Ammoniak befreit wird. Etwa in der Mitte der Kolonne, in welcher das herablaufende Wasser nur noch wenig freies, dagegen noch sämtliches, an fixe Säuren gebundenes Ammoniak enthält, setzt man dann Ätzkalk in einer, diese Säuren neutralisierenden Menge zu und gewinnt damit auch diesen, nicht unmittelbar durch Auskochen isolierbaren Anteil. Dieser zweite Teil des Apparates kann nun sowohl in einer neben der Hauptkolonne angeordneten, besonderen, mit Kalkmilch beschickten Nebenkolonne bestehen, wobei das von ungebundenem Ammoniak befreite Wasser aus der ersteren in die letztere einläuft, oder beide Teile können auch zu einer Säule verbunden werden, oder endlich es kann, wie in dem Beispiel der Fig. 5, die Vermischung des Kalkes mit dem Rücklauf der Hauptkolonne in einer besonderen, geräumigen Kammer erfolgen, deren Inhalt nach der Umsetzung über die Böden der Nebenkolonne geleitet wird. Jedenfalls gelingt es unschwierig, das Ammoniak auf diese Weise im ununterbrochenen Arbeitsgang soweit von seinem Ammoniak zu befreien, daß sich letzteres nur noch in Spuren (0,05%) im Abwasser findet. Das übergehende Ammoniak, welches immerhin noch reichlich Wasserdämpfe mit sich führt, wird nunmehr nach vorausgegangener Dephlegmierung (Kondensation unter Rückfluß) abgekühlt und auf diese Weise in Form des etwa 16 bis 18% NH_3 enthaltenen, verdichteten oder konzentrierten Wassers gewonnen; oder aber man leitet es unmittelbar in verbleite Sättigungskästen, welche mit Schwefelsäure von 40 bis 45° Bé beschickt sind. Infolge der sehr hohen Neutralisationswärme verdampft hier soviel Wasser, daß das gebildete Ammonsulfat als festes Salz ausfällt. Es wird meist, unter Ersparung von Handarbeit, durch einen Ejektor aus den Sättigern auf eine Tropfbühne gehoben, auf welcher der größte Teil der ihm anhaftenden Mutterlauge abläuft und endlich in Zentrifugen soweit trocken geschleudert, daß es für den Versand geeignet ist. Sein Ammoniakgehalt beträgt dann 25 bis 25,15%. Bei den beschriebenen Aufarbeitungen bilden die ständigen flüchtigen Begleiter des Ammoniaks, insbesondere Kohlensäure und Schwefelwasserstoff, überaus lästige Abfallprodukte. Gewinnt man Ammonsulfat, so entweichen diese Gase aus den Sättigern und müssen in Rücksicht auf ihre Giftigkeit z. B. durch Ableitung in eine Esse unschädlich gemacht werden. Bei der Darstellung des verdichteten Wassers bleiben sie indessen mit dem Ammoniak verbunden und müssen, sobald dies auf Salmiakgeist oder auf Salpetersäure verarbeitet werden soll, naturgemäß z. B. durch Behandlung mit Kalkmilch entfernt werden. Es ist aber auch möglich, durch differenzierte Wärmebehandlung des Gaswassers wenigstens einen Teil dieser auch vielfach zu Leitungsverstopfungen Anlaß gebenden Gase zu entfernen, das Gaswasser zu „entsäuern". Wird letzteres allmählich zum Kochen erhitzt, so entweichen zunächst — mit etwas Ammoniak — Kohlensäure und Schwefelwasserstoff, so daß durch geschickte Anordnung der Kolonnenteile in der Tat ein Teil dieser Gase ohne Ammoniakverluste durch bloßes Abtreiben entfernt werden kann.

e) Direktes Verfahren.

Grundsätzlich wird bei diesem Verfahren auf eine bis zur völligen Kondensation des Wasserdampfes führende Abkühlung der Kokereigase verzichtet. Man erniedrigt vielmehr die Temperatur der letzteren nur bis zum sog. Taupunkt behufs Abscheidung des Teers, d. h. bis etwa 70 bis 80°, sucht aber möglichst die Ausscheidung wäßriger Kondensate und damit des Ammoniaks zu vermeiden. Die Gewinnung des letzteren erfolgt sodann durch Einleiten der teerfreien Gase in verdünnte Schwefelsäure, wobei die Reaktionswärme völlig oder doch fast völlig genügt, das gleichfalls sich niederschlagende oder bei der Abscheidung des Salzes als Spülwasser neu hinzukommende Wasser zu verdampfen. Nötigenfalls ist durch Zuführung geringer Wärmemengen dafür Sorge zu tragen, daß die erforderliche Konzentration während des Arbeitsganges bestehen bleibt. Die Schwierigkeit liegt bei diesem Verfahren vor allem in einer restlosen Abscheidung des Teers vor der Ammoniakabsorption. Zu diesem Zweck kann man die heißen teerhaltigen Gase in Waschern — ähnlich den Ammoniakwäschern — durch Berieselung mit Teer und Teerwasser soweit abkühlen, daß eine Ausscheidung des Teers erfolgt. Das hierbei in dem Wasser gelöste freie Ammoniak wird durch eine zweite Waschung der heißen Gase mit ihm nach Abtrennung des Teers an ersteres wieder abgegeben. Nach einer hiervon etwas abweichenden Arbeitsweise vervollständigt man die Teerabscheidung durch stärkere Abkühlung der Gase auf etwa 30 bis 40°, wobei allerdings die Abscheidung eines Teiles des Ammoniaks nicht zu vermeiden ist. Diese geringe Menge, welche zumeist an fixe Säuren gebunden ist, wird ebenso wie das nach dem ersten Verfahren im Waschwasser an diese Säuren gebundene Ammoniak durch Abtreiben in Kolonnenapparaten zugute gebracht, wobei das gasförmig entweichende Ammoniak unmittelbar in die Sättiger eingeleitet, oder dem Gas wieder zugesetzt werden kann.

Die teerfreien Gase werden nun in einem verbleiten Sättiger unmittelbar in Schwefelsäure von 60° Bé eingeleitet (Fig. 6), wobei eine Abscheidung des festen Sulfates erfolgt. Dieses wird durch einen Ejektor auf die über der Zentrifuge angeordnete Abtropfbühne gehoben und in ersterer trocken geschleudert. Nach dem Verlassen des Säurebades bedürfen die teer- und ammoniakfreien Gase einer Schlußkühlung in einem der früher beschriebenen Kühler, welche ihre Temperatur soweit heruntersetzt, daß die Auswaschung des in ihnen noch enthaltenen Benzols erfolgen kann. Die Bewegung der Kokereigase in dem gesamten System der Nebenproduktenanlage erfolgt durch maschinell betriebene Sauger, welche das Gas teils aus den Öfen durch einen Teil der Absorptionsapparate ansaugen, teils auch durch letztere hindurchdrücken. Man schaltet diese Maschinen, als welche Kolbengaspumpen oder Flügelpumpen, Kapselrad- und Dampfstrahlgebläse Verwendung finden, zweckmäßig etwa in der Mitte der Absorption, in den meisten Fällen zwischen Ammoniak- und Benzolgewinnung ein und ordnet sie vorteilhaft gemeinsam mit den übrigen Pumpen und Kompressoren der Anlage in einem besonderen Maschinenraum zentral an.

f) Benzolgewinnung.

Die Gewinnung des Benzols und seiner Homologen aus den Kokereigasen dürfte heute ausschließlich durch Absorption mit Hilfe von Teerölen, den sog. Waschölen, erfolgen, nachdem andere Verfahren, wie z. B. die mit Kompression oder durch starke Abkühlung der Gase arbeitenden sich in der Praxis nicht bewährt haben. Die hierbei verwendete Apparatur ist verhältnismäßig einfach; sie besteht zunächst aus einer Reihe von Waschern, in welchen die Gase den über Holzhorden oder über Kolonnenböden herabrieselnden Teeröl entgegenströmen. Hierbei werden mehrere Wascher syste-

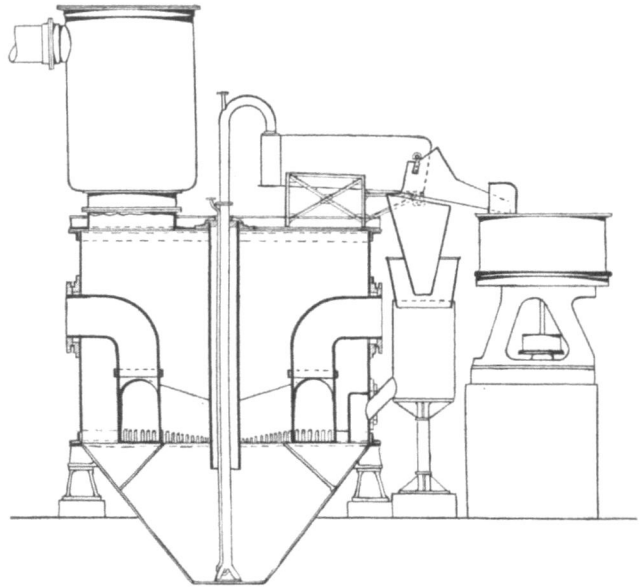

Fig. 6. Ammoniakabsorption, Bauart *Koppers*.

matisch in der Weise vereinigt, daß das benzolärmste Gas mit benzolfreiem, frischen Öl in Berührung gebracht wird, während die benzolreichen Gase durch ein schon teilweise mit Benzol angereichertes Öl gewaschen werden. Die Absorptionsfähigkeit dieser Waschöle, von deren Zusammensetzung und Eigenschaften noch später die Rede sein wird, hängt außer von letzteren sehr wesentlich von der Temperatur, bei der sie zur Einwirkung gelangen, ab. Man ist daher bestrebt, die Öle soweit als möglich herunterzukühlen, vermag sie aber trotzdem nur mit etwa 2 bis 3% Benzol anzureichern. Die Gewinnung des letzteren aus dem „gesättigten" Waschöl erfolgt durch fraktionierte Destillation, wobei die Arbeit der Kokereien sich nur bis zur Erzielung eines etwa 50 bis 60% Benzol enthaltenden „Vorerzeugnisses" unter gleichzeitiger Regenerierung des Waschöls erstreckt. Da es sich hierbei um die Verarbeitung großer Flüssigkeitsmengen und die Trennung in nur zwei

Bestandteile, Vorerzeugnis und regeneriertes Waschöl handelt, ist die Anwendung eines ununterbrochenen Arbeitsganges besonders zweckmäßig: Das auf etwa 80° vorgewärmte, gesättigte Waschöl läßt man in eine Glocken-

Fig. 7. Benzolabtreibeapparate, Bauart *Hinselmann*.

kolonne eintreten und über deren Böden im ununterbrochenen Strom herabfließen; diesem entgegen strömt direkter Dampf, welcher die leichtsiedenden Benzolanteile in der schon oben angedeuteten Zusammensetzung im Gegenstrom ausbläst. Die Kondensation der die Kolonne verlassenden Dämpfe erfolgt — wenigstens teilweise — unter Wiedergewinnung der Verdampfungswärme durch Kühlung mittels gesättigten Waschöls. Auch die sehr erheblichen Wärmemengen des ablaufenden, ausgeblasenen Waschöls können teilweise auf ähnliche Art zugute gebracht werden. Zum Schluß muß völlige Abkühlung dieses Öles erfolgen, wobei auch ein Auskrystallisieren des neben Benzol aus den Gasen absorbierten Naphthalins erfolgt (Fig. 7).

Das auf diese Weise regenerierte Waschöl geht in den Prozeß der Benzolgewinnung zurück; nach längerem und wiederholten Gebrauch nimmt es dagegen, teils infolge von Verharzung einzelner Bestandteile, teils infolge Verunreinigung durch die noch im Gas enthaltenen Teerspuren, eine Beschaffenheit an, welche es für seine weitere Verwendung ungeeignet erscheinen läßt. Dies zeigt sich vor allem durch eine zunehmende Verdickung und Verpechung, welche seine Leichtflüssigkeit und damit seine Verteilungsfähigkeit beeinträchtigen und eine Regenerierung durch Destillation und Aufarbeitung erforderlich machen. Man überläßt diese Operation meist den Teerdestillationsanlagen, welche die verdickten Öle gemeinschaftlich mit dem Rohteer zur Destillation bringen. Die weitere Reinigung des Vorerzeugnisses und die Gewinnung von gereinigten und Reinbenzolen aus ihm erfolgt, obwohl nicht eigentlich in das Arbeitsgebiet der Kokereien fallend, in den meisten Fällen, in den diesen Anlagen angegliederten „Benzolfabriken". Sie wird uns erst in dem zweiten Teil dieses Buches im Kapitel *Leichtöl* zu beschäftigen haben.

g) Verwertung des Schwefels.

Der Schwefel stellt in Form von Schwefelwasserstoff einen äußerst lästigen Begleiter des Ammoniaks und einen höchst unerwünschten Bestandteil des Kokereigases dar. Im ersten Fall sucht man ihn, wie wir sahen, möglichst unschädlich durch Ableitung in den Kamin zu machen, oder muß ihn durch Kalkmilch absorbieren; als Bestandteil des Gases gelangt er in den meisten Fällen mit diesem zur Verbrennung und trägt als schweflige Säure zur Belästigung und zur Schädigung namentlich des Pflanzenwuchses der Umgebung bei. Nur wenn die Gase zu Beleuchtungszwecken verwendet werden, sieht man sich genötigt, sie von ihrem Schwefelwasserstoff zu befreien, was meist nach dem in den Gasanstalten seit langer Zeit üblichen Verfahren der Absorption mittels Raseneisenerz erfolgt. Leider läßt sich diese Reinigung aus wirtschaftlichen Gründen nicht in großem Maßstabe durchführen, so daß auch heute noch in dem Betrieb der Kokereien sehr bedeutende Mengen Schwefel als Schwefelwasserstoff oder schweflige Säure nutzlos, ja schädigend in die Luft entweichen. Andererseits ist gerade Deutschland zur Deckung seines Bedarfes an Schwefelsäure auf die Einfuhr nicht minder großer Mengen Schwefel angewiesen, so daß hier die Gewinnung des Schwefels aus den Gasen als ein technisches Problem von hoher volkswirtschaftlicher Bedeutung noch seiner Lösung harrt. Eine solche ist in den letzten Jahren besonders von zwei Seiten, und zwar durch die Verfahren von *Walter Feld* und *Burkheiser* angestrebt worden, welche beide von dem Gedanken ausgehen, Schwefel und Ammoniak gleichzeitig zu gewinnen und letzten Endes in Ammonsulfat überzuführen, was nach dem Verhältnis beider Bestandteile des Gases zu einander theoretisch durchaus möglich ist. Wenn sich auch bisher keiner der beiden Vorschläge in größerem Umfang hat praktisch durchführen lassen, so haben sie doch zur Weiterverfolgung dieses so überaus wichtigen Gedankens einen kräftigen Anstoß gegeben und man darf hoffen, daß es in absehbarer Zeit gelingt, einen gangbaren Weg zur Lösung dieser technischen Aufgabe zu finden.

α) Das *Walter Feld*-Verfahren. Nach diesem Verfahren werden die schwefelammoniumhaltigen Gase mit einer Lösung von Ammoniumpolythionaten ausgewaschen. Letztere, sowohl Tri- als auch Tetrathionat enthaltend, reagieren nach folgenden Gleichungen auf das Schwefelammonium:

$$(NH_4)_2S_3O_6 + (NH_4)_2S = 2\,(NH_4)_2S_2O_3\,,$$
$$(NH_4)_2S_4O_6 + (NH_4)_2S = 2\,(NH_4)_2S_2O_3 + S\,.$$

Die so gewonnene Lösung von Ammoniumthiosulfat wird sodann durch schweflige Säure, welche zu diesem Zweck aus dem gewonnenen Schwefel durch Verbrennen mit Luft erhalten worden ist, nach folgender Gleichung wiederum in Polythionate übergeführt:

$$4\,(NH_4)_2S_2O_3 + 6\,SO_2 = 2\,(NH_4)_2S_3O_6 + 2\,(NH_4)_2S_4O_6\,.$$

Betrachtet man jetzt die Bilanz dieser Vorgänge, so ist leicht ersichtlich, daß sich die Menge der Polythionate verdoppelt hat, indem von außen neben dem Ammoniak und Schwefel des Gases noch der Sauerstoff der Luft in Form der schwefligen Säure hinzukam. Man ist also in der Lage, nunmehr die Hälfte der Polythionate dem kontinuierlichen Prozeß zu entziehen und für sich weiter zu verarbeiten. Durch Erhitzen ihrer Lösungen zerfallen sie nach folgenden Gleichungen in Ammonsulfat, schweflige Säuren und Schwefel:

$$(NH_4)_2S_3O_6 = (NH_4)_2SO_4 + SO_2 + S\,,$$
$$(NH_4)_2S_4O_6 = (NH_4)_2SO_4 + SO_2 + S_2\,.$$

Unter der Voraussetzung, daß die hierbei entwickelte schweflige Säure gleichfalls wieder in den Prozeß eingeführt wird, indem sie z. B. einen Teil des Schwefelammoniums in Polythionate überführt, resultieren als Endergebnis des Verfahrens Ammonsulfat und Schwefel, welche beide ohne weiteres als wertvolle Enderzeugnisse in Betracht kommen. Wie man sieht, beruht der, weder chemisch noch technisch ganz einfache Vorgang auf der Voraussetzung, daß im Kokereigas das Verhältnis des Ammoniaks NH_3 zum Schwefelwasserstoff H_2S genau wie 2 : 1 sich verhält, eine Erwartung, die sich leider nicht immer erfüllt. Ein störungsloser Betrieb wird daher vermutlich zunächst von der Forderung ausgehen müssen, daß die Mengen beider Bestandteile in dem durch die Gleichungen verlangten Verhältnis, nötigenfalls durch Einführung des einen oder anderen Bestandteils dosiert werden[1].

β) *Burkheiser*-Verfahren. Auch dieses Verfahren arbeitet mit einer für praktische Zwecke sehr erheblichen Zahl chemischer Vorgänge. Es läuft zunächst auf die Gewinnung des Schwefels aus dem in den Gasen enthaltenen

---
[1] Vgl. hierzu *F. Raschig*, Zeitschr. f. angewandt. Chemie 1920, S. 162.

Schwefelammonium hinaus, indem es letzteres mit einer Aufschlämmung von Eisenoxydhydrat behandelt. Hierbei bildet sich neben den Sulfiden des Eisens freier Schwefel, den man durch Extraktion mit Schwefelammonlösung von Schwefeleisen trennt und gewinnt auf diese Weise eine Lösung von Ammoniumpolysulfiden. Letztere scheidet beim Erhitzen einen Teil des Schwefels wieder ab, während der Rest desselben als Schwefelammonium entweicht und in den Prozeß wieder eingeführt wird. Die oben erwähnte Aufschlämmung des Schwefeleisens wird durch Einblasen von Luft oxydiert und in Eisenoxydhydrat und Schwefel übergeführt, welche aufs neue zum Auswaschen des gasförmigen Schwefelammons dienen.

So resultiert schließlich freier Schwefel, welcher durch Verbrennung in Schwefeldioxyd übergeführt wird. Letzteres sättigt man mit dem größten Teil des in den Gasen enthaltenen Ammoniaks, gewinnt Ammoniumsulfit und läßt dieses durch den Sauerstoff der Luft allmählich in Ammonsulfat übergehen. Über praktische Ergebnisse mit diesem, wie man sieht, ziemlich komplizierten Verfahren, ist näheres nicht bekannt geworden.

K. Gasteer.

Etwa 80% aller zur Verarbeitung gelangenden Steinkohlenteere entstammen — wenigstens in Deutschland — den Destillationskokereien, der Rest entfällt bei der Bereitung des Leuchtgases, einer Industrie, die mit ihren ersten Anfängen bis in den Beginn des vorigen Jahrhunderts zurückreicht. Obwohl die Gewinnung des Teers aus den Destillationsgasen des Koksofens begreiflicherweise in der Entwicklung ihrer Verfahren auf die ältere Technik der Erzeugung von Leuchtgas zurückgegriffen hat, vermochte sie doch durch eingehende Bearbeitung der ihr gestellten Aufgaben erstere in einer Weise auszubilden und zu vervollkommnen, daß umgekehrt die Leuchtgasindustrie in den letzten Jahrzehnten vieles in ihren Einrichtungen von der Destillationskokerei übernommen hat. So ist es auch gekommen, daß heute, hinsichtlich der Abscheidung des Teers, beide Industrien die gleichen Wege einschlagen und sich im wesentlichen der gleichen Vorrichtungen für ihre Zwecke bedienen. Eine ausführliche Schilderung der Teerabscheidung aus dem rohen Leuchtgas würde somit nur auf eine Wiederholung des bereits Gesagten hinauslaufen. Unterschiede zwischen beiden Industrien bestehen dagegen in der Wahl des Ausgangsmaterials und in der Form der Destillationsgefäße: Die Gasindustrie legt den Hauptwert auf die Erzeugung eines brauchbaren Gases in guter Ausbeute und verwendet zu diesem Zwecke die gasreichen, wenig backenden Kohlen mit einem Gehalt von etwa 10 bis 14% Sauerstoff, die wir als „Gaskohlen" bereits oben kennengelernt haben. Der aus ihrer Vergasung entfallende Koks hat nicht die Dichte des Hüttenkokses, wie er aus den Fettkohlen erhalten wird, ist aber noch fest genug, um für Hausbrand und andere Zwecke Verwendung finden zu können. Die Teerausbeute aus den Gaskohlen beträgt etwa 5% und ist demnach etwas höher als die aus der Fettkohle. Die Vergasung erfolgt hier in den meisten

Fällen in geschlossenen Retorten, welche aus Ton, der mit Schamotte gemischt wurde, geformt und gebrannt werden. Man unterscheidet:

1. Wagerechte Retorten mit einer Länge von 2,4 bis 2,7 m und einem ovalen oder halbovalen Querschnitt, die mit etwa 180 kg Kohle beschickt werden.

2. Schrägliegende Retorten, deren Länge bis auf 6 m gesteigert ist und die bis zu 360 kg Kohle aufnehmen können.

3. Senkrechte Retorten, deren Länge 4 bis 8 m beträgt und mit 400 bis 500 kg Kohle beschickt werden.

Die beiden letztgenannten Typen gehen durch den Ofen, wodurch eine schnellere und leichtere Entleerung des Kokses bewirkt wird. Die Befeuerung der Gasretorten erfolgt nur noch selten in Form von Rostfeuer, sondern in neuzeitlichen Anlagen durch Generatorgas, welches entweder im Ofen selbst oder in einer selbständigen Anlage erzeugt wird. Die Verbrennungsgase verlassen den Retortenraum mit hohen Temperaturen, beispielsweise 1000°, geben aber ihre Wärme in Kanälen an die entgegengeführte Verbrennungsluft ab. In neuerer Zeit hat man auch nach dem Vorbild des Koksofenbetriebes Kammeröfen verschiedenster Bauart und Größe für die Erzeugung von Leuchtgas konstruiert und zur Anwendung gebracht.

II. Der Steinkohlenteer.

A. Theorie der Teerbildung.

Die Entstehung des Steinkohlenteers aus der Kohle wurde im ersten Teil dieses Buches ausführlich behandelt. Hierbei ergab sich, daß dieses Erzeugnis der Verkokung sehr verschiedenartig ausfallen kann, je nachdem man letztere bei niederer oder hoher Temperatur vornimmt. Nur der etwa über 700° Verkokungstemperatur entstehende Kokereiteer ist Gegenstand unserer weiteren Betrachtungen: Der Grundcharakter der in ihm enthaltenen zahlreichen Substanzen ist bei Einhaltung obiger Temperaturgrenze stets derselbe; trotzdem können hinsichtlich des quantitativen Auftretens seiner einzelnen Bestandteile noch recht bemerkenswerte Unterschiede vorhanden sein. Auch hier spielt wieder die Verkokungstemperatur eine ausschlaggebende Rolle. So hat *Wright*[1] eine Gaskohle (81,92% C; 5,39% H; 1,28% N; 1,97% S; 6,88% O; 2,56% Asche) bei verschiedenen, zwischen 600 und 800° liegenden Temperaturen verkokt und die hierbei erhaltenen fünf Teerproben untersucht. Seine Versuchsergebnisse, die in nachfolgender kleinen Tabelle zusammengestellt sind, ergeben eine bemerkenswerte Abnahme des Öl- und

---

[1] Journal soc. Chem. Ind. 1888, S. 59.

des Benzolgehaltes mit steigender Verkokungstemperatur, dagegen gleichzeitig eine relative Zunahme des Pechgehaltes.

Spez. Gewicht des Teers	I 1,086	II 1,102	III 1,140	IV 1,154	V 1,206
Ammoniakwasser	1,20	1,03	1,04	1,05	0,383
Rohnaphtha	9,17	9,05	3,73	3,45	0,995
Leichte Öle	10,50	7,46	4,47	2,59	0,567
Kreosot	26,45	25,83	27,29	27,33	19,440
Anthracenöl	20,32	15,57	18,13	13,77	12,280
Pech	28,89	36,80	41,80	47,67	64,080
Phenolgehalt	34	34	29	31	22

Nebenbei bemerkt, dürften die beiden ersten Proben, wie auch der verhältnismäßig hohe Paraffingehalt ihres Leichtöls von 5 und 4% beweist, noch Urteeranteile enthalten haben. Eine andere Beziehung, und zwar zwischen dem Alter der Kohle und der aus ihr zu erzielenden Teerausbeute haben E. J. Constam und P. Schläpfer[1] untersucht. Sie fanden, daß Kohlen verschiedensten Alters und verschiedenster Herkunft unter denselben Bedingungen bei 700 bis 800° vergast Teerausbeuten lieferten, welche mit zunehmendem Alter von 7 bis auf 0% sanken. Da mit dem Alter der Kohle deren Sauerstoffgehalt abnimmt, darf man schließen — was für die Theorie der Teerbildung bemerkenswert ist —, daß die sauerstoffhaltigen Bestandteile der Steinkohle an der Bildung des Teers wesentlich beteiligt sind. Um die Beziehungen zwischen Zusammensetzung der Teere und Verkokungstemperatur genauer übersehen zu können, müßte man zwei wichtige Fragen beantworten können. Die erste, welche die Bildung und Konstitution der Steinkohle betrifft, wurde schon oben ausführlich behandelt, kann aber, wie wir sahen, nach dem heutigen Stand der Wissenschaft nicht einwandfrei beantwortet werden. Die zweite, deren Gegenstand der Chemismus der Teerbildung aus der Kohle ist, kann naturgemäß nur nach der Lösung des ersten Problems befriedigend beantwortet werden, hat aber trotzdem schon des öfteren das Interesse der Forscher in Anspruch genommen. Nehmen wir den Urteer, das primäre Destillationsprodukt der Kohle, als das notwendige Zwischenglied bei der Bildung des aromatischen Teers an, so ist vorerst zu entscheiden, wie aus dem Urteer, also etwa einem Gemisch von homologen Phenolen, Paraffinen und den übrigen neutralen Urteerbestandteilen, die aromatischen Kohlenwasserstoffe durch Überhitzung gebildet werden können. Obwohl die Art dieses Übergangs experimentell durchaus erforschbar erscheint, ist es doch bisher noch nicht gelungen, den ursächlichen Zusammenhang zwischen Urteer und aromatischem Teer einwandfrei zu ermitteln. Nach F. Fischer und W. Schrader[2] sind mindestens die Benzole, wahrscheinlich aber auch die übrigen aromatischen Körper aus den Phenolen des Ur-

---

[1] Journal f. Gasbel. 1906, S. 741—747.
[2] Brennstoffchemie 1, 6ff.

Theorie der Teerbildung.

teers entstanden, während die Paraffine bei den Temperaturen des Koksofens vergast wurden. Diese Forscher haben gefunden, daß die Phenole in Gegenwart von Wasserstoff bei Temperaturen über 700° teilweise völlig glatt zu aromatischen Kohlenwasserstoffen reduziert werden können, sie nehmen an, daß auch die Phenole des Urteers unter weitgehendem Abbau der Seitenketten in Benzole vielleicht auch in die kondensierten Ringe des Kokereiteers übergehen.

Soviel Bestechendes diese Theorie auch auf den ersten Blick besonders wegen ihrer exakten Begründung hat, muß sie doch manchen Bedenken begegnen, wenn man erwägt, daß die Benzole nur einen außerordentlich geringen Prozentsatz (etwa 2%) des Steinkohlenteers ausmachen, während dessen Hauptbestandteile aus kondensierten Kohlenwasserstoffen bestehen, für welche eine einigermaßen glatte Synthese aus den Phenolen noch nicht gefunden worden ist. Dieser Theorie der Teerbildung steht grundsätzlich und unvermittelt die ältere *Berthelot*sche Theorie gegenüber, gemäß welcher der Steinkohlenteer seine Bildung dem bei hoher Temperatur erfolgenden Zusammentritt von Acetylenmolekülen verdankt. *Berthelot* zeigte, daß durch Erhitzung von Acetylen auf hohe Temperatur sowohl Benzol als auch Naphthalin und Anthrazen zu entstehen vermögen und schloß daraus, daß bei der Verkokung der Steinkohle das hierbei entstehende Acetylen auf pyrogenem Wege in die Kohlenwasserstoffe des Steinkohlenteers übergeht. Diese Versuche sind in neuerer Zeit von *R. Meyer* und seinen Schülern[1] unter Anwendung neuzeitlicher Hilfsmittel wiederholt und in ihren Ergebnissen sehr bedeutend erweitert worden. Diese Forscher wiesen nach, daß die Acetylenkondensation nicht bloß die aromatischen Grundkohlenwasserstoffe, sondern auch deren methylierte Homologe, ferner die den Fünfring enthaltenden kondensierten Kohlenwasserstoffe wie Inden, Fluoren, Acenaphthen, Fluoranthen, ferner heterocyclische Körper, wie (bei Gegenwart von Ammoniak oder Blausäure) Pyridin, (bei Gegenwart von Schwefelwasserstoff) Thiophen, (bei Gegenwart von Ammoniak), Pyrol, Chinolin, sowie auch Anilin, kurzum alle jene Körper erhalten werden, die gerade als typische Bestandteile des Steinkohlenteers bekannt sind. So wurden von diesen nicht weniger denn 34 Einzelindividuen, darunter 23 Kohlenwasserstoffe aller Art aus dem Acetylen gewonnen, während andere im Steinkohlenteer nicht auftretende Verbindungen auch im Acetylenteer nicht ermittelt werden konnten.

Diese verblüffende Ähnlichkeit des letzteren mit dem Kokereiteer ist zu weitgehend, als daß sie nicht mit Recht, wenn auch zunächst nur hypothetisch, die Grundlage für eine Theorie der Teerbildung abzugeben vermöchte. Allerdings ist die alte Annahme von *Berthelot*, daß das erforderliche Acetylen selbst primär aus der Kohle entsteht, unhaltbar geworden und man würde statt dessen annehmen müssen, daß bei der pyrogenen Umwandlung des Urteers Acetylen intermediär auftritt.

---

[1] Ber. **46**, 3188 (1913); **47**, 2765 (1914); **50**, 422 (1917); **51**, 1571 (1918).

B. Eigenschaften, Einteilung, Statistik.

Der Steinkohlenteer stellt eine bei gewöhnlicher Temperatur ziemlich dickflüssige, schwarze Masse von charakteristischem Geruch (nach Phenol und Naphthalin) dar, deren spez. Gewicht über 1,0 liegt. Schon bezüglich dieser letzteren Konstante zeigt sich ein bemerkenswerter Unterschied zwischen den beiden Haupttypen, dem Kokerei- und dem Gasanstaltsteer, zu dessen Erklärung die verschiedene Vergasungstemperatur, bei welcher beide gewonnen worden sind, herangezogen werden muß (siehe oben). Das spez. Gewicht des Kokereiteers liegt etwa zwischen 1,12 und 1,18, das des Gasanstaltsteers etwa zwischen 1,18 und 1,25. Es wird hauptsächlich durch den Gehalt an hochkondensierten, aromatischen Kohlenwasserstoffen beeinflußt, welcher im Gasteer größer zu sein pflegt. Diese Körper sind es auch, welche zum großen Teil bei der Behandlung der Teere mit verschiedenen Lösungsmitteln, insbesondere aber mit Benzolen als schwarze, unlösliche, jahrzehntelang als „Kohlenstoff" angesprochene Massen zurückbleiben. Es ist daher ein alter, richtig verstanden, auch durchaus gültiger Satz der Teerindustrie: Kokereiteer unterscheidet sich von dem Gasteer durch seinen Kohlenstoffgehalt, welcher bei letzterem ungleich höher ist. Endlich kann auch noch ein charakteristischer Unterschied zwischen Kokerei- und Gasteer im Benzolgehalt gefunden werden, welcher in den Teeren der Gasanstalten bis 2% beträgt, während er im Kokereiteer sehr gering ist. Ein Teer, welcher chemisch dem Steinkohlenteer in vielen Fällen ähnlich ist und meist auch mit diesem zusammen verarbeitet wird, ist der bei der Bereitung des sog. Ölgases gewonnene Ölgasteer. Wenn höhersiedende Fraktionen der Petroleum- oder (wie in Deutschland) der Braunkohlenteerindustrie (sog. Gasöle) durch Eintropfen in glühende Röhren vergast werden, so scheidet sich aus dem entweichenden, besonders zum Komprimieren zwecks Aufbewahrung geeigneten Gas (Ölgas) ein ziemlich dünnflüssiger Teer ab, der viel aromatische Bestandteile neben wechselnden Mengen von Paraffinen und anderen, unbekannten Körpern enthält, aber unbedenklich in der Steinkohlenteerindustrie mit verarbeitet werden kann.

In der Erzeugung und Verarbeitung des Steinkohlenteers sind im Laufe der letzten Jahrzehnte bedeutende Wandlungen namentlich hinsichtlich der Mengen eingetreten. Während noch etwa in der zweiten Hälfte des vorigen Jahrhunderts die Gasteererzeugung für die deutsche Verarbeitung ausschlaggebend war, ist diese Gewinnungsart infolge der ungemein raschen und stetigen Entwicklung der Destillationskokereien in den letzten zwei Jahrzehnten fast ganz in den Hintergrund gedrängt worden. Nachdem man erkannt hat, daß der Wert der Teere nicht bloß in den verhältnismäßig geringen Anteilen begründet ist, welche für die Zwecke der Farbstoff- und organisch chemischen Industrie sowie allenfalls der Imprägnierung Verwendung finden, sondern daß die Gewinnung öliger Stoffe für Heiz- und Kraftzwecke, ferner des Pechs für Brikettierung von Feinkohle eine fast unbegrenzte Ausnützung der Teere gestattet, ist deren wirtschaftlicher Wert (der durchaus nicht immer mit der Preisgestaltung gleichgerichtet ist) unbestritten. So wird man heute jede Steigerung der Teererzeugung im volkswirtschaftlichen Interesse begrüßen können, ohne, wie gelegentlich in früheren Jahren, befürchten zu müssen, damit eine bedrohliche Menge schlecht verwendbarer Rohstoffe der Industrie zuzuführen. Die Steigerung der Teererzeugung, ihr schneller Aufstieg und ihr jäher Rückgang nach Beendigung des Krieges ergibt sich neben anderem auch aus den in nachfolgender Übersicht zusammengestellten Verarbeitungszahlen des deutschen Syndikates der Teerverarbeiter (jetzt ,,Verkaufsvereinigung für Teererzeugnisse''), welches die Hauptmenge der in Deutschland erzeugten und verarbeiteten Teere erfaßt.

Rohteerverarbeitung innerhalb des Syndikates.

im Jahre 1913	1 118 368 t	im Jahre 1918	1 131 662 t
,, ,, 1914	978 220 ,,	,, ,, 1919	685 737 ,,
,, ,, 1915	967 120 ,,	,, ,, 1920	732 409 ,,
,, ,, 1916	1 156 489 ,,	,, ,, 1921	780 000 ,,
,, ,, 1917	1 167 319 ,,		

Die gesamte Erzeugungsmöglichkeit Deutschlands an Steinkohlenteer dürfte man bei Beginn des Krieges mit etwa 1 400 000 t, zurzeit (ohne indessen voll ausgenutzt zu sein) auf 1 500 000 t in Anschlag bringen.

Die Menge der Gasteere beträgt kaum 20% der Gesamterzeugung. Sie ist kaum noch steigerungsfähig, vielmehr werden heute die in der Nähe von Kohlenbezirken liegenden, großen Städte vielfach von den Kokereien durch Ferngasleitungen mit Gas versehen, so daß die Leuchtgasbereitung im ,,Gasanstalts''betriebe hier mehr und mehr zurückgeht.

C. Teeranalyse.

Die eingehendere Untersuchung der im Handel befindlichen Rohteere hat eine verhältnismäßig geringe, praktische Bedeutung, obwohl deren Beschaffenheit und demzufolge auch ihr Wert recht verschieden ausfallen können und die Rentabilität ihrer Aufarbeitung nicht unbeträchtlich durch den Gehalt des Teers an verschiedenen Bestandteilen beeinflußt wird. Seit Jahrzehnten ist man gewöhnt, an den, im großen und ganzen allerdings ziemlich gleichmäßig entfallenden Teer keine höheren Ansprüche zu stellen, als daß sein Wassergehalt ein bestimmtes Höchstmaß (meist 5%) nicht überschreitet, wobei man, teils stillschweigend, teils vereinbarungsgemäß zugesteht, daß auch ein höherer Gehalt an Wasser nicht zur Zurückweisung der Ware, sondern nur zu entsprechenden Abzügen berechtigt. Dagegen ist der für den Wert des Teeres außerordentlich wichtige Ölgehalt, oder der für die Verarbeitung ins Gewicht fallende Gehalt an störenden Verunreinigungen (z. B. Salzen anorganischer Säuren) kaum einmal Gegenstand besonderer Vereinbarungen. Auch dem Gehalt an wirklichem und scheinbarem Kohlenstoff wird verhältnismäßig geringe Bedeutung beigelegt, obwohl dieser unzweifelhaft bei einer ganzen Reihe von Verwendungen des Pechs, z. B. für

Brikettierungen, als Bindemittel im Stahlwerks- und Elektrodenbetrieb u.a.m. eine Rolle spielt. So hat infolge dieser besonderen Verhältnisse der Ausbau der Teeranalyse von jeher eine etwas stiefmütterliche Behandlung erfahren, immerhin aber im Laufe der Jahre zur Ausarbeitung einiger praktisch bewährter Verfahren Veranlassung gegeben.

a) Spezifisches Gewicht.

Die Bestimmung des spez. Gewichtes vom Rohteer ist, wenn dieser sehr zähflüssig ist, bei gewöhnlicher Temperatur mit Hilfe der Spindel oder der *Mohr*schen Wage nur schwierig durchzuführen. In derartigen Fällen macht man den Teer durch schwaches Anwärmen auf 40 bis 50° dünnflüssig und errechnet das spez. Gewicht für 15°, indem man für jeden über dieser Temperatur liegenden Celsiusgrad der bei der Bestimmung beobachteten Temperatur eine Korrektur von 0,0007 Einheiten dem gefundenen spez. Gewicht hinzufügt.

b) Wassergehalt.

Der Gehalt des Rohteers an Wasser wird in der Weise ermittelt, daß man 1 kg der einwandfrei gezogenen und gut durchgemischten Probe aus einer geschlossenen, etwa 2 l fassenden und mit einem geeigneten Kühler verbundenen Metallblase vorsichtig abdestilliert bis die Temperatur der übergehenden Dämpfe 200° beträgt. Das in einem graduierten Zylinder aufgefangene Destillat trennt sich leicht in Öl und Wasser (nötigenfalls unter Zusatz von etwas trockenem Benzol), dessen Menge ohne weiteres im Zylinder durch Ablesung ermittelt werden kann (Fig. 8).

Zahlreich sind die Vorschläge, welche man gemacht hat, um diese an sich einfache und leicht auszuführende Operation bei Teeren mit hohem Wassergehalt, welche bei der Destillation zum Überschäumen neigen, trotzdem bequem und ohne Schwierigkeit zur Anwendung zu bringen. Erwähnt sei z. B. das sogen. Zulaufverfahren, bei welchem man den Rohteer langsam in 200 ccm in der Entwässerungsblase befindliches und auf etwa 200° vorgeheiztes Anthracenöl eintropfen läßt und erst nach dem Eintropfen der Gesamtmenge die Temperatur weiter wie oben steigert. Nach demselben Prinzip ist ein von Dr. *Hans Beck* und *L. Gehrhardt*, Bonn im Gebrauchsmuster Nr. 375682 Kl. 421 beschriebener, kleiner Entwässerungsapparat gebaut.

Ein anderer Kunstgriff besteht in dem Hinzufügen von trockenem Xylol zu dem zu entwässernden Rohteer, wodurch ein ruhig verlaufendes Abdestillieren des Wasser mit den Xyloldämpfen bewirkt wird. In der Praxis hat sich folgendes Schnellverfahren gut bewährt:

100 g des zu untersuchenden Rohteers werden in einer etwa 400 ccm fassenden, tubulierten Glasretorte unter Zuhilfenahme eines Glastrichters eingewogen und weiter 50 ccm eines Gemisches, aus gleichen Teilen Benzol und Xylol bestehend, dem Inhalt der Retorte hinzugefügt. Nach Einsetzen eines Thermometers in den Tubus der Retorte und Anschließen eines etwa 400 mm langen *Liebig*schen Kühlers wird mit der Destillation begonnen, die auf einem

mit Asbesteinlage versehenen Drahtnetz durchzuführen ist. Das Destillat bis 180° wird in einem graduierten Meßzylinder aufgefangen. Bei zähflüssigen oder besonders kalten Teeren sind diese vor dem Abwägen auf etwa 30—40° anzuwärmen.

c) Gehalt an Ölen, Rohnaphthalin, Rohanthracen und Pech.

Die 4 Rohfraktionen des Steinkohlenteers, Leichtöl, Mittelöl, Schweröl, Anthracenöl, deren Menge hier ermittelt werden soll, entsprechen in ihrer Beschaffenheit den fast allgemein in den Teerdestillationen gewonnenen Fraktionen gleicher Bezeichnung und charakterisieren den Rohteer im vollen Um-

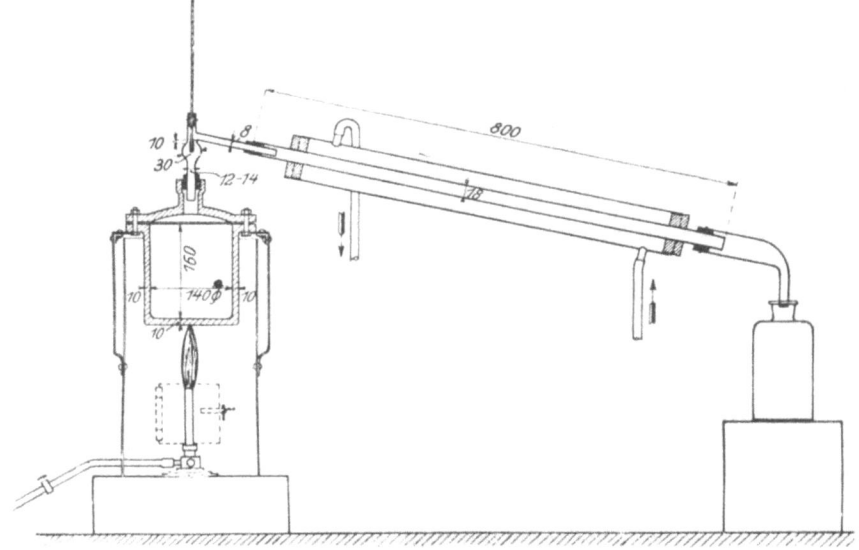

Fig. 8. Apparat zur Teeranalyse.

fang. Unter Pech ist ein mittelweiches für Brikettierung geeignetes Steinkohlenteerpech zu verstehen. Die Analyse gestaltet sich wie folgt (Fig. 8):

In einer gußeisernen, 2 l fassenden Blase wird 1 kg des zu untersuchenden Teeres mit gläsernem T-Stück und eingesetztem Thermometer unter gewöhnlichem Druck der Destillation unterworfen, wobei die einzelnen Destillate zweckmäßig in ausgewogenen Glasflaschen aufgefangen werden.

Man nimmt ab:

1. Wasser und Leichtol . . . . bis 170°
2. Mittelöl . . . . „ 230°
3. Schweröl . . . . „ 270°
4. Anthracenöl . . . . „ 340°

Der verbleibende Rückstand, dessen Menge sich am einfachsten aus der Differenz der Gewichte der Destillate und der Füllung ergibt, ist in den meisten Fällen ein mittelweiches Pech von einem zwischen 60 bis 75° liegenden Erweichungspunkt. Man ermittelt seinen Erweichungspunkt und ist, falls dieser über 75 oder unter 60° liegt, gezwungen, die Destillation zu wiederholen, indem man im ersten Fall die Endtemperatur entsprechend unter 340°, im letzten Fall die Endtemperatur entsprechend über 340° wählt. Auf keinen Fall dürfen bei Beendigung der Destillation schon Zersetzungsdämpfe, die immer ein Zeichen für eintretende Verkokung sein würden, auftreten. Zur Bestimmung des Naphthalin- und Anthracengehaltes kann man die Fraktionen 2 bis 4 jede für sich unter Umrühren in Eiswasser soweit abkühlen, daß ihre Temperatur 15° beträgt, worauf man durch Abnutschen die ausgeschiedenen Krystalle möglichst schnell von dem öligen Anteil trennt und erstere durch Aufstreichen auf porösen Ton vollends zur Trocknung bringt. Die Summe der aus Fraktion 2 und 3 erhaltenen Mengen krystallinischer Abscheidungen ergibt den Gehalt eines Kilos Teer an Rohnaphthalin (etwa 75% desselben dürften annähernd an Reinnaphthalin zu gewinnen sein). Die Menge der Krystalle aus Fraktion 4 ergibt den — meist weniger interessierenden — Gehalt an Rohanthracen. Durch Anstellung einer Anthracenanalyse von letzterem und Umrechnung ergibt sich leicht der technisch wichtigere Gehalt des Teeres an Reinanthracen.

Streng genommen wird nach dieser Bestimmung der Naphthalingehalt etwas kleiner, als wie er sich bei einer, die Hauptbestandteile des Teers als gereinigte Erzeugnisse gewinnenden Anlage ergibt, ermittelt, während der Ölgehalt sich dementsprechend etwas höher stellt. Um also einwandfreie Ergebnisse, etwa für die Beurteilung der Rentabilität eines Betriebes zu erzielen, ist es, besonders wenn sich dieser auch mit der Gewinnung von Carbolsäure beschäftigt, erforderlich, eine dem Vorbild des Betriebes sich nähernde weitere Fraktionierung der Rohfraktionen eintreten zu lassen. Zu diesem Zweck ist die Teeranalyse mit erheblich größeren Mengen, etwa mit 10—30 kg Rohteer anzustellen, so daß die hierbei erhaltenen Rohöle weiter fraktioniert werden können. Bei dieser erweiterten Teeranalyse wird sowohl das Mittelöl als auch das Schweröl, und zwar jedes für sich und ohne vorausgehende Abtrennung der festen Ausscheidungen der Fraktionierung unterworfen. Zur Anwendung gelangt hierbei eine 20 cm hohe Perlkolonne. Destillationsgeschwindigkeit ein Tropfen je Sekunde. Abgenommen werden folgende Fraktionen:

1. Carbolöl: Beginn der Destillation . . . . —220°
2. Naphthalinöl . . . . 220—260°
3. Heizöl und Motorenöl . . . . 260—300°

Alle über 300° siedenden Öle sowie die Blasenrückstände werden als Anthracenöl in Rechnung gestellt. In Fraktion 1 und 2 wird das Naphthalin wie oben beschrieben bestimmt. In der vom Naphthalin befreiten Fraktion 1 wird der Gehalt an Phenol nach dem S. 97 beschriebenen Verfahren bestimmt.

d) Gehalt an freiem Kohlenstoff.

Unter ,,Kohlenstoff" im Teer hat man jahrzehntelang die unlöslichen Massen verstanden, welche bei der Extraktion des Rohteers durch warmes Xylol zurückbleiben. Es ist leicht nachzuweisen, daß die so erhaltenen Substanzen in anderen Lösungsmitteln, wie z. B. Pyridin, noch zu einem erheblichen Teile löslich sind. Diese Beobachtung gab Veranlassung zur Ausarbeitung des sog. Pyridin-Anilinverfahrens der Kohlenstoffbestimmung im Teer, welches sich bis heute als das in weiten Kreisen der Teerindustrie gebräuchlichste erhalten hat und wie folgt angestellt wird:

Man wiegt in einem kleinen Porzellanschälchen 1 g des Teeres ab, fügt 5 ccm Anilin hinzu und erwärmt das Ganze eine halbe Stunde auf siedendem Wasserbad. Die Mischung gießt man sofort auf einen Teller aus porösem Ton von 65 cm Durchmesser. Nachdem das Anilin vollständig eingesogen ist, wäscht man das im Schälchen Verbliebene mit 2 ccm Pyridin (Denaturierungsbasen) sorgfältig nach und trocknet den Teller nach dem Einziehen des Pyridins im Trockenschrank bei 120 bis 150°. Der trockene Kohlenstoff wird mit einem Holzspatel vom Teller abgenommen und gewogen.

Auch diese Ergebnisse sind nicht völlig einwandfrei, denn der nach dem beschriebenen Verfahren erhaltene „Kohlenstoff" enthält, wie man sich durch Erhitzen im Glühröhrchen überzeugen kann, noch immer einige Prozente sehr schwer lösliche aber flüchtige Substanzen. Nach folgender Vorschrift gelingt die Bestimmung des unzweifelhaft vorhandenen, freien, amorphen Kohlenstoffs auf dem Wege der erschöpfenden Pyridinextraktion[1]:

1 bis 2 g Rohteer werden im *Erlenmeyer*-Kolben mit 50 ccm technischem, wasserfreien Pyridin 2 Stunden unter Rückfluß gekocht, worauf man den noch heißen Kolbeninhalt durch ein getrocknetes, tariertes Filter durchsaugt, den auf letzterem gesammelten Kohlenstoff mit etwa 100 ccm heißem Pyridin sorgfältig auswäscht und schließlich die dem Niederschlag noch anhaftenden Basen durch Nachwaschen mit etwa 50 ccm heißem Wasser möglichst entfernt. Besondere Aufmerksamkeit ist hierbei dem Filter zuzuwenden, das aus gehärtetem Papier bestehen soll und dessen Poren gegenüber dem meist äußerst fein verteilten Kohlenstoff völlig undurchlässig sein müssen. Es wird vor dem Gebrauch 4 Stunden im Wasserbadschrank getrocknet, hierauf noch etwa 2 Stunden im Exsiccator aufbewahrt und im geschlossenen Wägegläschen gewogen. In der gleichen Weise verfährt man mit dem beschickten Filter.

e) Chlor- (Salmiak-) Gehalt im Teer.

Bei Verkokung stark salzhaltiger Kohle oder bei Zusätzen der in der Teervorlage sich abscheidenden zähen Massen (sog. Teerverdickung) zu dem Kokereiteer weist dieser einen geradezu verhängnisvollen Gehalt an Chlorammonium auf, welcher nicht allein bewirkt, daß der Teer sich nur schwierig von seinem sichtbaren Wasser trennt, sondern auch durch Übergang des Chlorammons in die Destillate diese und die daraus erhaltenen, krystallinischen Erzeugnisse in der schwerwiegendsten Weise verunreinigt. Dieser Chlorgehalt, der bei normalen Kokereiteeren nur äußerst selten die Grenze von 0,1% übersteigt, läßt sich in einfacher Weise wie folgt bestimmen:

---

[1] Nach Arbeiten des Verfassers gemeinschaftlich mit Dr. *Oswald Preiss* im Laboratorium der Gesellschaft für Teerverwertung m. b. H. in Duisburg-Meiderich. Vgl. auch *Hodureck*, Mitteilungen des Instituts für Kohlenvergasung. Jahrg. 1, Heft 2—4.

In einem 500 ccm fassenden Kolben wiegt man genau 125 g Teer ab, gibt 250 ccm Wasser hinzu und kocht das Gemisch etwa eine Stunde unter Rückfluß. Nachdem man durch Ergänzung des etwa hierbei verdampften Wassers das ursprüngliche Gewicht des Kolbens wieder hergestellt hat, läßt man absitzen, filtriert das obenauf stehende Wasser durch ein Filter und titriert 200 ccm (= 100 g Teer) des Filtrats unter Zusatz einiger Tropfen Kaliumchromatlösung mit $n/_{10}$-Silbernitratlösung bis zur Rotfärbung. Bei Dunkelfärbung des wässerigen Extraktes wird dieser vor der Titration durch Behandlung mit etwas Tierkohle in der Kochhitze entfärbt.

D. Transport und Lagerung.

Der Rohteer wird in den seltensten Fällen am Ort seiner Erzeugung weiter verarbeitet, vielmehr in der Regel durch Verfrachtung den Großdestillationen zugeführt, denen — bei möglichst zentraler und frachtgünstiger Lage — die Aufgabe zufällt, die Teere verschiedener Herkunft zu sammeln und aufzuarbeiten. Die Entwicklung dieser Industrie hat allerdings ihren Ausgang von verhältnismäßig kleinen Anlagen genommen, in denen die Aufarbeitung des Teers in früheren Jahren meist in recht einfacher Weise betrieben wurde. Man begnügte sich vielfach in den Destillationen mit der Herstellung einiger weniger Roherzeugnisse, die man auch wohl selbst weiter verbrauchte (z. B. zur Herstellung von Dachpappe und zur Imprägnierung von Hölzern), und so bestand früher in Deutschland eine recht stattliche Anzahl derartiger Anlagen, die bei verhältnismäßig geringem Umfang sich je nach Lage der Erzeugungsstellen des Rohteers über das ganze Reich verteilten. Demgegenüber hat sich in den letzten Jahrzehnten, Hand in Hand mit der unerwartet großzügigen Entwicklung der Kokerei gehend, das Bestreben nach Zentralisation der Rohteerverarbeitung geltend gemacht, durch welche unstreitig erhebliche technische und wirtschaftliche Vorteile erzielt wurden.

Der Versand des Rohteers erfolgt in weitaus den meisten Fällen durch Kesselwagen von 10 bis 15 t Inhalt welche zur bequemen Entleerung ihres Inhaltes bei niederer Außentemperatur mit Heizschlangen versehen sind. Diese werden zweckmäßig so angeordnet, daß sie bei Reparaturen als Ganzes herausgezogen, und daß sie an eine vorhandene Dampfleitung in bequemer Weise durch Dampfschlauch und Kuppelung angeschlossen werden können. Wiederholt ist auch der Versuch gemacht worden, den Teer in Tankschiffen zu Wasser zu verfrachten, gegen welche Versandweise grundsätzliche Bedenken nicht bestehen. Die kaum völlig zu vermeidende Anwärmung des Schiffsinhaltes bei der Entleerung erfordert allerdings eine Reihe von technischen Einrichtungen, über welche man an den Entladestellen in Häfen nur in den seltensten Fällen verfügt, so daß diese Art des Transportes sich noch nicht im großen Umfang einzuführen vermochte.

Der ankommende Rohteer kann nicht unmittelbar der Verarbeitung zugeführt werden, vielmehr ist man aus mehrfachen Gründen darauf bedacht, ihn zunächst in größerer Menge zu lagern. Diese Maßnahme hat zunächst den Vorteil, den Betrieb von der wechselnden Stärke der Anlieferung möglichst unabhängig zu machen, sodann bedarf auch der Teer zunächst einer nicht allzu kurzen Zeit der Ruhe, um die Abscheidung des sog. sichtbaren, d. h. des den Teerlieferungen stets anhaftenden Wassers zu ermöglichen. Die größeren Anlagen sind daher alle auf die Lagerung von Rohteer in beträchtlichem Umfang eingerichtet und bringen die Vorräte nach Möglichkeit so unter, daß mehrere Behälter abwechselnd gefüllt und wieder entleert werden können, ja, daß zwischen Füllung und Entleerung noch möglichst eine gewisse Zeitspanne zur Ablagerung verbleibt. Auch hier wird sowohl die Trennung des Rohteers vom Wasser, als auch die Bewegung des ersteren durch die Pumpen wesentlich durch schwaches Anwärmen des Behälterinhaltes auf 30 bis 40° erleichtert, wobei man oft die Wärme des Abdampfes oder des ablaufenden Kühlwassers mit Hilfe von in den Lagerbehälter eingebauten, gußeisernen Heizrohren zugute bringt.

In früheren Jahren bediente man sich zur Lagerung von Rohteer wohl ausschließlich gemauerter und zementierter Gruben in beliebigen Größen, ein Verfahren, das — obwohl grundsätzlich unbedenklich — mancherlei Unbequemlichkeiten, ja Schwierigkeiten, z. B. bei der Entleerung, ferner bei der Abtrennung des Wassers sowie endlich bei dem gelegentlich notwendigen Reinigen mit sich führte. Neuerdings zieht man daher vor, die Teere in geschlossenen, schmiedeeisernen Behältern von beliebiger Größe, wie sie auch zur Lagerung von Ölen aller Art verwendet werden, unterzubringen.

Die Bewegung des Rohteers erfolgt in den meisten Fällen durch Plunger-Pumpen mit geringer Tourenzahl, deren Größe sich den zu bewältigenden Mengen sinngemäß anpaßt. Zweckmäßig wird die Pumpenanlage abgesondert von dem eigentlichen Lager und nötigenfalls durch eine besondere Umwallung gegen Überflutung bei starken Undichtigkeiten der Behälter geschützt, angelegt. Der Teer läuft dann sowohl von der Sammelstation der ankommenden Kesselwagen als auch von den Behältern den Pumpen durch freien Fall zu und kann nach Belieben durch Umstellung innerhalb des Lagers oder von diesem zur Destillation von derselben Maschine bewegt werden. Die Entleerung der Kesselwagen ist in kalter Jahreszeit häufig erst nach dem Anwärmen ihres Inhaltes mit Hilfe der eingebauten Heizschlangen oder durch Einleiten von direktem Dampf möglich. Der Teer läuft durch den Ablaßstutzen der Wagen zu einer gemeinschaftlichen Rinne und von dieser gewöhnlich in einen kleineren Zwischenbehälter (Kasten), welcher mit der Saugleitung der Pumpe in Verbindung steht.

Im Laufe der Zeit erreicht die Menge des in den Behältern abgeschiedenen Wassers eine Höhe, welche seine Entfernung erforderlich macht. Diese Wässer, welche teils mit dem Teer angeliefert wurden, teils auch durch den eingeleiteten Dampf als Kondensat neu hinzukommen, enthalten meist etwa 1% Ammoniak, und zwar größtenteils in Form von Chlorammonium, welches aus dem Rohteer ausgewaschen wurde. Sie werden durch Abhebern oder Ablassen entfernt und in der jeder größeren Teerdestillation angegliederten Ammoniakfabrik aufgearbeitet. Das hierbei freiwerdende Ammoniak dient in den meisten Fällen zum Ausfällen der Pyridinbasen und zur Neutralisation der Abfallsäuren.

E. Teerverarbeitung durch Destillation.

In früheren Jahren hat man vielfach den Rohteer ohne weitere Bearbeitung für verschiedene Zwecke, z. B. zu konservierenden Anstrichen aller Art, später auch als Bindemittel für den Straßenbau verwendet, allein die Erkenntnis, daß alle diese Zwecke in gleich guter, ja vollkommener Weise durch Verwendung des sog. präparierten Teeres, d. h. eines Erzeugnisses, das aus Pech und gewissen Teerölen zusammengesetzt wurde, zu erreichen sind, hat hier derart Wandel geschaffen, daß heute der gesamte Steinkohlenteer praktisch restlos der Verarbeitung durch Destillation zugeführt wird. In wenigen Fällen ist hierbei unter Verarbeitung allerdings auch nur die Entwässerung des Rohteers bei gleichzeitiger Gewinnung des Leichtöls zu verstehen, mit der eine jede Aufarbeitung des Teeres, auch wenn sie zur restlosen Herstellung aller technisch verwertbaren Bestandteile desselben führt, zu beginnen hat.

a) Entwässerung.

Der Rohteer ist nur scheinbar ganz wasserfrei; in Wirklichkeit enthält er — normale Beschaffenheit vorausgesetzt — noch etwa 4 bis 5% Wasser in gelöstem Zustand, welches nur auf dem Wege der Destillation entfernt werden kann. Die Entwässerung des Rohteers verläuft nicht ohne Schwierigkeiten, insofern der Wassergehalt bewirkt, daß der Teer beim Erhitzen zum Überschäumen neigt und so zum mindesten die Geschwindigkeit der Destillation stark beeinträchtigt. In früheren Zeiten und solange es sich nicht hierbei um die Bewältigung großer Massen handelte, begnügte man sich damit, den Rohteer in den Destillationsapparaten mit großer Geduld durch sehr langsame Steigerung der Temperatur von seinem Wasser zu befreien; später, als die Teerdestillation mehr und mehr ein Massenbetrieb wurde, arbeitete man verfeinerte Verfahren aus, welche gestatteten, die Destillationszeiten wesentlich herabzusetzen und selbst stark wasserhaltige, leicht schäumende Teere mühelos aufzuarbeiten. Man vergrößerte ferner die Leistungsfähigkeit der Destillationen dadurch, daß man die Entwässerung von der Gewinnung der Hauptfraktionen trennte und zu einer selbständigen Operation in besonders hierzu geeigneten Apparaten ausbildete. Zahlreich sind die hierfür gemachten Vorschläge: So besteht ein älteres Verfahren darin, daß man die Entwässerungsretorte mit einer verhältnismäßig geringen Menge Rohteer beschickte, diesen entwässerte und in den auf etwa 160 bis 180° erhitzten Retorteninhalt im ununterbrochenen Strom den Rohteer langsam zulaufen ließ. Nach Maßgabe des Zulaufs fand sowohl eine Entwässerung des Letzteren als auch gleichzeitig ein Ablauf des entwässerten Teeres durch ein an den Ablaßstutzen angeschlossenes Syphonrohr statt.

Nach dem Gegenstromprinzip arbeiten die Entwässerungskolonnen verschiedenster Anordnung. Ein derartiger Apparat wird z. B. in den D.R.P. Nr. 217 659 und 218 780 der *Chemischen Fabrik Lindenhof vorm. C. Weyl & Co.* beschrieben. Hier passiert der wasserhaltige Rohteer die Etagen einer Kolonne, durch deren Stutzen die entweichenden Wasser- und Leichtöldämpfe dem herabfließenden Teer entgegenströmen, diesen gleichzeitig entwässernd. Die Entwässerungsblase soll hierbei durch die Abgase einer beliebigen Feuerung beheizt und die Destillation durch Arbeiten im Vakuum erleichtert werden.

A. Rispler beschreibt[1] eine ähnliche Anordnung zur Entwässerung von Rohteer, bei welcher Letzterer ununterbrochen den Etagen einer Glockenkolonne (aus welcher zur Erleichterung der Destillation die Glocken entfernt wurden) zugeführt wird und im Gegenstrom gegen die aufsteigenden Wasser- und Öldämpfe (Fig. 9) über Kolonnenböden in eine Freifeuerblase läuft, in welcher sich eine verhältnismäßig kleine Menge ständig auf 200° erhitzten Teeres befindet. Nach Maßgabe des Zulaufes erfolgt der Ablauf des entwässerten Teeres aus der Blase durch ein syphonartig angeordnetes Überlaufrohr. Die Entwässerung vollzieht sich hier auf den Boden der Kolonne, so daß deren Abmessung in einem angemessenen Verhältnis zu der beabsichtigten Leistungsfähigkeit des Apparates stehen muß. Bei der Beurteilung der Letzteren spielt allerdings auch der Wassergehalt des Rohteers eine nicht zu unterschätzende Rolle.

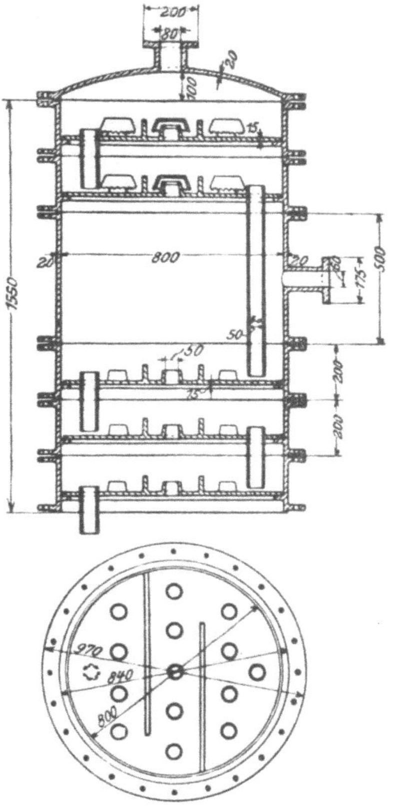

Fig. 9. Entwässerungskolonne nach *Rispler*.

Von zahlreichen anderen Vorschlägen, über deren Anwendung in der Praxis indessen näheres nicht bekannt geworden ist, seien unter Hinweis auf die betr. Patentschriften noch folgende erwähnt:

Die *Badische Anilin- und Soda-Fabrik* erhitzt den Rohteer (D.R.P. Nr. 354 202) in einem geschlossenen Gefäß unter Druck auf 200° und destilliert das Wasser unter allmählicher Aufhebung des Druckes zwecks Vermeidung des Schäumens ab. Im D.R.P. 231 222 beschreibt *Münster* ein Rührwerk, in welches erhitzter, offenbar auch unter Überdruck stehender Rohteer gegen ein Schaufelrad gespritzt wird, welches das Rührwerk bewegt.

---

[1] Chem.-Ztg. 1910, S. 279.

Letzteres sorgt gleichzeitig für eine weitgehende Verteilung der erhitzten Teerteilchen, welche ihr Wasser bei dieser Behandlung abgeben. Gleichfalls eine Erhitzung unter Druck, und zwar in einem Rohrsystem wendet *Lemmer* (D.R.P. 238 013) an, indem er den hocherhitzten Teer durch die Rohrleitungen hindurchtreibt und (vermutlich) seine Entwässerung unter Aufhebung des Druckes in einem Destillationskessel bewirkt. An ein auch im Laboratorium bisweilen angewandtes Verfahren erinnert der Betrieb eines von den *Rütgerswerken A.-G.* beschriebenen Entwässerungsapparates (D.R.P. 161 524), bei welchem die Beheizung des Rohteers gewissermaßen schichtenweise von oben erfolgt. Dies wird im Großbetriebe dadurch erreicht, daß man die heißen Abgase einer Feuerung durch passend angeordnete Feuerzüge um die einzelnen Schichten des in einem stehenden Zylinder befindlichen Rohteers leitet und sie auf diese Weise, von oben nach unten allmählich fortschreitend, zur Destillation bringt.

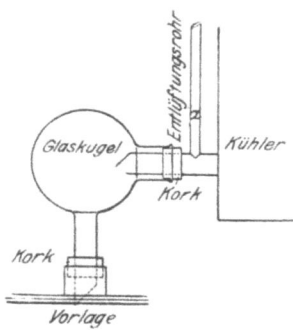

Fig. 10. Beobachtungsapparat einer Entwässerungsblase (nach *Muspratt*, Steinkohlenteer).

Soweit bei diesen Verfahren der Rohteer durch freies Feuer erhitzt wird, bedient man sich hierfür der auch für die spätere, erschöpfende Destillation üblichen, schmiedeeisernen Retorten und Blasen, kann indessen — wenigstens bei kontinuierlichem Arbeiten — deren Fassungsraum wesentlich einschränken und selbst für sehr leistungsfähige Betriebe mit etwa 5 bis 6 cbm Inhalt bemessen. Auch die Einmauerung dieser Entwässerungsblasen, die Anordnung der Kühler, Vorlagen und Auffangekessel schließt sich sinngemäß den noch später zu besprechenden Einrichtungen der Volldestillationen an.

Das mit den Wasserdämpfen übergehende Leichtöl des Teers scheidet sich bei normalem Betriebsgang schnell und glatt von dem ammoniakalischen Wasser. Zweckmäßig nimmt man daher die Trennung beider Destillate bereits in den Auffangekesseln des Betriebes vor, indem man diese so groß bemißt, daß sie bei abwechselnder Beschickung genügend Zeit zum Absitzen haben und die getrennte Weiterbeförderung der beiden Schichten an dem Ort ihrer Bestimmung erfolgen kann. Zwecks scharfer Beobachtung des Ganges der Entwässerung läßt man das Destillat in sichtbarer Weise aus dem Kühler auslaufen, indem man hier gläserne Beobachtungsapparate (Fig. 10) beliebiger Bauart einschaltet. Unregelmäßigkeiten machen sich dann sogleich durch „Schwarzlaufen" der Kühler bemerkbar und können meist durch getrennte Aufsammlung dieser verunreinigten Destillate unschädlich gemacht werden.

b) Aufarbeitungsverfahren.

Die betriebsmäßige Aufarbeitung des Rohteers nach erfolgter Entwässerung kennt im wesentlichen nur zwei Verfahren zur Gewinnung der

Teererzeugnisse, die fraktionierte Destillation und die Krystallisation. Demgegenüber tritt die Behandlung der Destillate durch chemische Einwirkungen sehr zurück. Sie besteht in der Hauptsache in dem Ausziehen der Phenole aus gewissen Fraktionen durch Natronlauge, sowie der Basen aus den Rohbenzolen durch verdünnte Schwefelsäure. Erst die neuere Technologie des Steinkohlenteers hat einige weitere, rein chemische Verfahren zur Gewinnung reiner Teerbestandteile, wie z. B. des Carbazols, Indols, Indens u. a. m. kennengelehrt, die aber ihrem Umfang nach gegenüber der in der Hauptsache ausgeübten Aufarbeitungstechnik weit zurückstehen. Man trennt den Teer zunächst in ziemlich rohe Fraktionen, zerlegt diese teilweise durch Destillation weiter in enger siedende Anteile und isoliert die festen Bestandteile aus den Ölen durch Krystallisation und gegebenenfalls weitere Reinigung der festen Ausscheidungen. So besteht denn auch die erste Behandlung des entwässerten Teers in einer Destillation, der „Teerdestillation" im eigentlichen Sinne, deren erstes Ziel die Trennung aller destillierbaren Öle von dem im allgemeinen als undestillierbar zu bezeichnenden Destillationsrückstand, dem Pech, ist. Nur ein beschränkter Teil der hierbei gewonnenen Öle gelangt zur Redestillation und zur Aufarbeitung in den Verfeinerungsbetrieben; die Hauptmenge stellt nach Abtrennung ihrer festen, krystallinischen Ausscheidungen ebenso wie das Pech ein fertiges Handelserzeugnis dar. Die Ausbeuten des Teers an Ölen und Pech schwanken etwas infolge wechselnder Zusammensetzung der Rohteere; durchschnittlich findet man aber ein in bemerkenswerter Weise sich gleichbleibendes Ergebnis der Aufarbeitung. Man erzielt normalerweise etwa folgende Ausbeuten:

Öliges Destillat { Öle 35%
{ feste Ausscheidungen 6%
Pech 55%
Wasser und Destillationsverlust 4%
                                                        100%

Meist zerlegt man schon bei dieser ersten Destillation die öligen Anteile in drei Fraktionen, die sich etwa wie folgt charakterisieren lassen:

1. **Mittelöl** (10 bis 12% vom Rohteer) Siedegrenzen etwa 210 bis 250°, umfaßt die carbolsäure- und naphthalinhaltigen Öle.

2. **Schweröl** (8 bis 10% vom Rohteer) Siedegrenzen etwa 250 bis 300°, stellt eine typische, stark naphthalinhaltige Zwischenfraktion dar.

3. **Anthracenöl** (18 bis 20% vom Rohteer) Siedegrenzen etwa 300 bis 350°, umfaßt die· anthracenhaltigen, schwersten Öle des Teers.

Die Teerdestillation wird durchweg durch Erhitzen mit freiem Feuer durchgeführt. Als Brennstoff kann Kohle der verschiedensten Beschaffenheit Verwendung finden, wobei im Fall der Verwendung minderwertiger Kohlen hinsichtlich Größe und Anordnung der Rostflächen sowie der Einmauerung naturgemäß gewisse. Rücksichten zu beobachten sind. Da, wo Überschußgas der benachbarten Kokereien zur Verfügung steht, ist mit Vorteil auch dieses zur Beheizung von Teerretorten zu verwenden. Jahrzehntelang war es üblich, den Teer unter Atmosphärendruck bis auf

Pech abzudestillieren. Die schon seit einiger Zeit bis auf verschwindende Ausnahmen in den Anlagen eingeführte Destillation des Teers im Vakuum bedeutete demgegenüber einen erheblichen, technischen Fortschritt. Die in diesem Falle stattfindende Herabsetzung der Destillationstemperatur trägt zur Ersparung großer Mengen von Brennstoff bei, aber auch bezüglich der Beschaffenheit der Erzeugnisse erzielt die Vakuumdestillation bemerkenswert günstigere Ergebnisse. Letztere machen sich weniger in der Beschaffenheit der rohen Öle als in der des Pechs geltend. Eine eingehende Untersuchung des Kohlenstoffgehaltes in Letzterem hat nämlich gelehrt, daß die Teerdestillation unter gewöhnlichem Druck infolge Neubildung von freiem Kohlenstoff den Gehalt an diesem im Pech vermehrt, daß dagegen bei Anwendung der Vakuumdestillation der Gehalt an dem für die meisten Verwendungszwecke besonders wichtigen „Bitumen" erhalten bleibt und demnach der Wert der Erzeugnisse gesteigert wird.

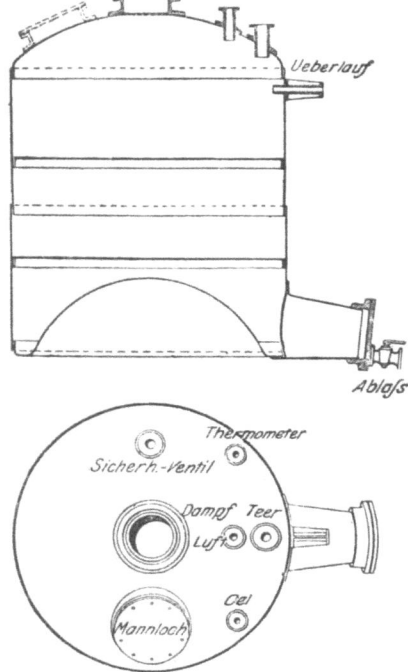

Fig. 11. Teerdestillationsblase (nach *Muspratt*, Steinkohlenteer).

c) Destillationstechnik.

Die zur Destillation des Teeres dienenden Apparate bestehen aus schmiedeeisernen, geschlossenen Kesseln, deren Form und Größe im Laufe der Jahre mancherlei Wandlungen durchgemacht haben. Machte man sich anfangs die im Dampfkesselbau erworbenen Erfahrungen zunutze, indem man dementsprechende liegende dampfkesselartige Destillationsgefäße verwendete, so gelangte man doch bald aus einer Reihe technischer Erwägungen heraus zu einem anders gestalteten, einheitlichen Typ der Teerblasen, oder, wie man auch sagt, Teerretorten, welcher in Fig. 11 wiedergegeben ist und welcher sich Jahrzehnte hindurch bis in die jüngste Zeit hinein erhalten hat. Das Wesentliche dieser Form besteht in einem mehr hohen als breiten Zylinder, dessen Rauminhalt zwischen 15 und 50 cbm zu liegen pflegt. Charakteristisch sind der für die Flammenentwicklung günstige, stark eingewölbte Boden, der weite Ablaßstutzen durch welchen die Retorte zwecks Reinigung befahren werden kann, und endlich die hoch gewölbte Decke, welche bei gelegentlichem Steigen oder Schäumen auch den stark vergrößerten Inhalt noch aufzunehmen vermag. Die Frage nach der für die Teerdestillation zweckmäßigsten Form der Blase wurde — aus wärmetechnischen Rücksichten — seit einigen Jahren erneut aufgegriffen und hat, neben anderem, auch zur Wiedereinführung der liegenden Retorten geführt. Hier ist vor allem die von Dr. C. Weyl in Mannheim vorgeschlagene und durch das D.P.R. Nr. 153 322 geschützte Röhrenblase zu erwähnen, welche die Gestalt eines schmiedeeisernen, liegenden Zylinders hat, dessen Heizung durch ein System, in die Stirnwände eingewalzter Röhren von innen aus erfolgt (Fig. 12). Das Verhältnis der Heizfläche zu dem Inhalt gestaltet sich hier, wie ohne weiteres einleuchtet, besonders günstig. Dieser Retorte liegender Bauart schließen sich andere Konstruktionen an, bei denen gleichfalls der als Blase angeordnete liegende Zylinder mit Innenheizung versehen ist. So verwendet die *Gesellschaft für Teerverwertung* (G.M. Nr. 585 442) Zweiflammrohrretorten, bestehend aus dem zylindrischen, liegenden Destillationsgefäß, zwischen dessen Stirnwänden zwei Flammrohre so eingebaut sind,

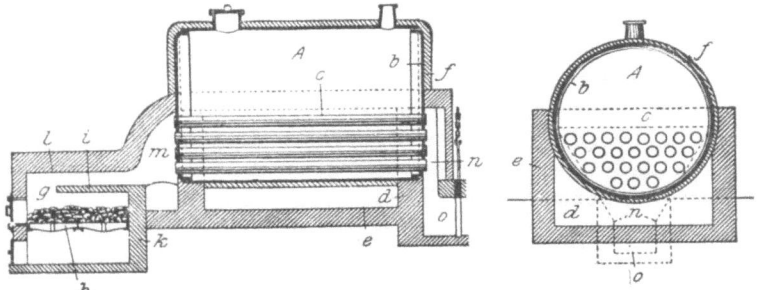

Fig. 12. Röhrenblase nach *Dr. C. Weyl* zur Destillation von Teer.

daß sie während der ganzen Dauer der Destillation von dem Blaseninhalt bedeckt bleiben. Nicht unerwähnt mag übrigens bleiben, daß die liegenden, zylindrischen Blasen auch in konstruktiver Hinsicht, und zwar hinsichtlich der beliebigen Steigerung des Rauminhaltes gewisse Vorteile bieten, während die oben beschriebenen, stehenden Retorten in Rücksicht auf die aus einem Stück angefertigten Böden in ihrem Durchmesser an gewisse Grenzen gebunden sind. Kombinationen des Gedankens der Innenheizung mit der an sich sehr zweckmäßigen Form der stehenden Retorte finden sich im D.R.P. 228 297 von *Barlen*, welcher für die Destillation von Teer stehende Retorten mit eingezogenen, horizontalen Heizrohren vorschlägt, sowie in dem D.R.P. Nr. 150 229 von *Louis Schwarz & Co.*, der von der Mitte des eingewölbten Blasenbodens ein weiteres Heizrohr krümmerartig durch die Seitenwand der stehenden Retorte in die wie üblich angeordneten, seitlichen Heizkanäle führt. Den schon früher einmal durchgeführten Gedanken eines Rührwerkes in der Teerretorte nimmt die Anordnung einer Teerblase (D.R.P. Nr. 296 870, Schaer) wieder auf, bei welcher der Teer in eine von außen auf ihrem gesamten Umfang beheizte Trommel zur Destillation gebracht wird, indem gleichzeitig ein Schöpf- und Rührwerk im Innern für ausgiebige Beheizung der erhitzten Wände Sorge trägt. Endlich sei noch kurz ein Vorschlag der *de Clercqs Patent-Gesellschaft* (D.R.P. Nr. 166 723) erwähnt, welches das bei der üblichen

Teerdestillation oft als Übelstand empfundene Schäumen des Teers dadurch verhindern will, daß er die Erhitzung des (entwässerten) Teers in einem Rohrsystem vornimmt und ihn hierauf erst der Destillationsblase, welche selbst nicht beheizt wird, zuführt. Im allgemeinen hat sich, soweit die diskontinuierliche Teerdestillation in Frage kommt, im Laufe der Zeit mehr und mehr das Bestreben geltend gemacht, den Fassungsraum der Blasen so groß wie möglich zu wählen, nachdem man erkannt hat, daß damit erhebliche Ersparnisse an Brennstoff, Löhnen und den zum Betrieb erforderlichen Maschinen (Luftpumpen) erzielt wurden. Auf anderem Wege sucht das gleiche Ziel, d. h. die Verminderung der Unkosten und Steigerung der Leistungsfähigkeit die kontinuierliche Teerdestillation zu erreichen, zu deren Einführung schon seit langer Zeit zahlreiche Vorschläge gemacht und Einrichtungen ersonnen worden sind, ohne daß indessen bis jetzt wesentliche Erfolge in der Praxis erreicht wurden.

d) Kontinuierliche Teerdestillation.

Der Umstand, daß bei der Teerdestillation meist große Mengen in einem verhältnismäßig einfachen Betriebsgang zur Verarbeitung gelangen, sowie daß die Zusammensetzung des Rohteers nur geringen Schwankungen unterworfen ist, läßt es besonders verlockend erscheinen, die Destillation im ununterbrochenen Betriebe durchzuführen. Dazu kommt, daß letzterer wärmetechnisch sich stets günstiger gestalten läßt, als das mit erheblichen Verlusten verknüpfte unterbrochene Destillieren in den nach jeder Operation neu zu beschickenden Blasen. Zur Erläuterung der hierbei in die Praxis umgesetzten, erfinderischen Ideen seien einige neuere Vorschläge kurz beschrieben, welche sich älteren, der Vergessenheit anheim gefallenen Verfahren prinzipiell meist anschließen, aber die Unvollkommenheiten der letzteren zu vermeiden suchen. *G. Krickhuhn* (D.R.P. Nr. 288 702) verbindet zwei Destillationsblasen derart, daß die zweite, die Destillate der ersten enthaltend, durch das abfließende Pech sowie die Feuergase der ersten beheizt wird. *Ortmann* (D.R.P. 233 233) schaltet mehrere Blasen derart hintereinander, daß in jeder einzelnen nur ein Teil des Destillates abgegeben wird. Zur Einleitung der zunächst große Wärmemengen erforderlichen Mittelöldestillation wird der Teer, bevor er in die erste Blase eintritt, in einem Röhrensystem auf hohe Temperatur vorgewärmt. Diese Röhren werden durch die Feuergase der Blasen erhitzt. *Raschig* (D.R.P. Nr. 260 060) schaltet mehrere Blasen hintereinander, von denen jede folgende unter einem schwächeren Druck gehalten wird als die vorhergehende. Durch zwischengeschaltete Gefäße wird dafür gesorgt, daß jede Blase genau den aus der vorhergehenden abfließenden Rückstand einsaugt. *Schliemann* (D.R.P. Nr. 227 172) trennt in kontinuierlicher Destillation Pech und Öl und zwar im Vakuum. Das Niveau wird in der Blase durch ein zweckentsprechendes Pechablaufrohr konstant gehalten. Das ablaufende Pech dient zur Vorwärmung des Rohteers, desgleichen wird die Kühlung der übergehenden Öldämpfe durch den zulaufenden Teer bewirkt. *Beck* (D.R.P. Nr. 250 420) vereinigt die sonst hintereinander geschalteten Blasen gewissermaßen in einer einzigen, indem er ein stehendes, zylindrisches Destillationsgefäß in verschiedene durch eingezogene Rohre mit überhitztem Wasserdampf geheizte Kammern einteilt, welche miteinander in Verbindung stehen und jeweils bei verschiedener Temperatur (im Vakuum) die dieser entsprechende Ölfraktion abgeben. Aus der letzten Kammer läuft das von seinen Ölen befreite Pech ab. Wiederholt hat man auch vorgeschlagen, den Teer in einer kontinuierlich arbeitenden Kolonne mit heizbaren Böden abzudestillieren, so wie man in den gleichen Apparaten ja auch z. B. Benzol von Waschöl oder ganz allgemein eine niedrigsiedende Ölfraktion von einer höhersiedenden trennt. Besonders wirkungsvoll sucht *Romberg* (P.A.R. Nr. 44 680) die Apparatur dadurch zu gestalten, daß er den Teer auf den Böden zwangsläufig in zickzackförmigen oder spiralförmigen Wegen, in denen zugleich die Heizschlangen angeordnet sind, führt. Endlich mag auch die sog. Stufenblase von *Hoddick* und *Röthe* (D.R.P. Nr. 201 372 und 237 823) Erwähnung finden, in welcher der Teer über Tassen oder Etagen, welche an die Blase von etwa kegelförmiger Gestalt angegossen sind, allmählich herabläuft und hierbei, erhitzt durch die aufsteigenden Öldämpfe, zur Destillation gelangt.

Von allen diesen Verfahren sind nur ganz wenige, z. B. die von *Raschig* und *Schliemann*, und auch diese nur in beschränktem Maße, meist in den Anlagen ihrer Erfinder in dauernden Betrieb gekommen, während die übrigen sich nicht in die Technik einzuführen vermochten. Der Grund, warum die kontinuierliche Teerdestillation, trotz ihrer offensichtlichen Vorteile, vom Großbetrieb nicht übernommen wurde mag vielleicht darin liegen, daß die Destillation des Rohteers in Rücksicht auf die selbst im Vakuum zur Anwendung kommenden, hohen Temperaturen, sowie auf die starke Angreifbarkeit wenigstens des Schmiedeeisens durch kochenden Teer und hocherhitzte Teeröle nur die Anwendung einer ganz einfachen, alle komplizierten Rohrverbindungen, Hähne, Ventile vermeidenden Apparatur gestattet, welche in ihrem Anschaffungswert nicht zu hoch, nach dem natürlichen Verschleiß eine rasche Erneuerung erlaubt und zeitraubende, kostspielige Reparaturen unbedingt vermeidet.

e) Einmauerung, Kühler, Vorlagen.

Die Einmauerung der Freifeuerblasen bei Verwendung der in erster Linie zur Anwendung kommenden, festen Brennstoffe kann recht verschieden sein und entspricht meist den in langjährigen Betriebserfahrungen erworbenen Sonderansichten der einzelnen Erbauer. Immerhin lassen sich einige allgemeine Grundsätze, nach denen hierbei verfahren wird, aufstellen: So ordnet man zweckmäßig die Rostfläche nicht unter dem Boden der (stehenden) Blase an, sondern seitlich in einer Vorfeuerung, um die unmittelbare, stichflammenartige Wirkung des Feuers zu vermeiden und die Blase nur durch die sekundäre Wärme der Feuergase zu heizen. Unter Anwendung dieser Vorsicht kann das früher viel verwendete Schutzgewölbe unter dem Blasenboden in Wegfall kommen und auf diese Weise viel Zeit und Brennstoff gespart werden. Eine nicht minder wichtige Frage ist die nach der zweckmäßigsten Führung der Feuergase, deren Wärme möglichst durch Abgabe an den Blaseninhalt aus-

50 Der Steinkohlenteer.

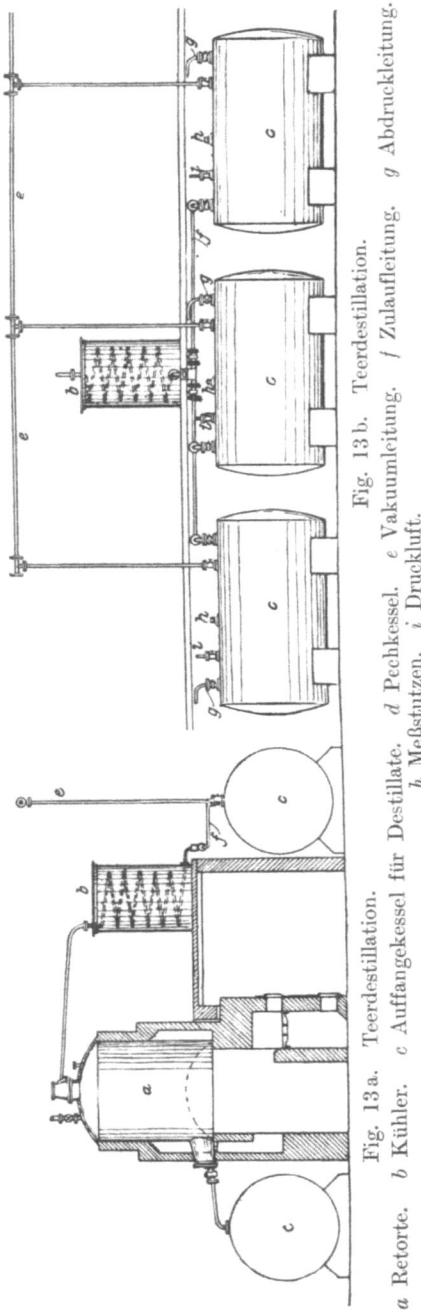

Fig. 13a. Teerdestillation.
a Retorte. b Kühler. c Auffangekessel für Destillate. d Pechkessel. e Vakuumleitung. f Zulaufleitung. g Abdruckleitung.
h Meßstutzen. i Druckluft.

Fig. 13b. Teerdestillation.

genutzt werden soll. Wir haben bereits gesehen, wie man bei den liegenden Blasen dieser Forderung durch Innenheizung möglichst gerecht zu werden suchte; bei den stehenden Retorten führt man die Feuerzüge ein- bis zweimal um den Mantel der Blase herum, bevor man sie in den Fuchs fallen läßt (Fig. 13a). Eine Erweiterung des Querschnittes der Züge vermindert die Geschwindigkeit der Gase und trägt gleichfalls zur besseren Ausnutzung ihres Wärmeinhaltes bei.

Die Dämpfe des abdestillierenden Öles verlassen die Retorte durch einen mit seitlichen Stutzen versehenen kurzen, gußeisernen Aufsatz (Helm) und werden auf dem nächsten Wege den Kühlern zugeführt. Diese können sehr verschiedenartig gebaut und ebensowohl als Schlangenkühler wie auch als Röhrenkühler ausgebildet sein. In allen Fällen wird die Kondensation durch Wasserkühlung bewirkt, die ohne Schwierigkeit so leistungsfähig angelegt werden kann, daß die Destillate bis zur meist nicht erwünschten Tagestemperatur abgekühlt werden, das Kühlwasser aber in kochendem Zustand den Kühler verläßt: Wo nicht konstruktive Gründe dies verbieten, wählt man als Kühlrohre solche aus Gußeisen, die von den rohen Teerölen nur wenig angegriffen werden. Schmiedeeiserne Stücke werden, besonders wenn sie den Dämpfen oder den kochenden Ölen längere Zeit ausgesetzt sind, verhältnismäßig bald unter Bildung von sich loslösenden Krusten aus Schwefeleisen zerstört. Beim Austritt aus den Kühlern läßt man die Destillate zweckmäßig ein kurzes Rohrstück oder auch eine hierfür besonders eingerichtete „Laterne" durchlaufen, welche die Beobachtung des Destillates, sowie auch gleichzeitig die Probenahme (im Vakuum) gestattet (Fig. 14) und führt sie hierauf in geschlossenen Rohrleitungen den Auffanggefäßen, auch als Vorlagen oder kurz Kessel bezeichnet, zu. Da es fast allgemein üblich ist, die Destillate nach den Aufarbeitungsbetrieben durch Preßluft zu befördern, bestehen diese Behälter fast durchweg aus schmiedeeisernen, zylindrischen Kesseln, deren Blechstärken so bemessen sind, daß der Inhalt mit einem Betriebsdruck von 2 bis 3 Atm abgedrückt werden kann. Nicht immer wird diese Kesselanlage unmittelbar mit den Blasen bzw. den Kühlerausläufen verbunden, vielmehr schaltet man in Fällen, wo — wie in den älteren Anlagen — eine größere Anzahl kleiner Retorten durch eine geringe Zahl von Kesseln bedient werden soll, und diese während des Betriebes mehrmals zu füllen und zu entleeren sind, mit Vorteil ein System von Zwischen- oder Wechselvorlagen zwischen Kessel und Kühler ein, deren Einrichtung sich aus Fig. 15 ergibt. Die etwa 300 bis 400 l fassenden Wechselvorlagen werden dann abwechselnd mit dem Kühlerauslauf verbunden, gefüllt und durch Ablauf in die Kessel entleert. Da die Destillation unter Vakuum

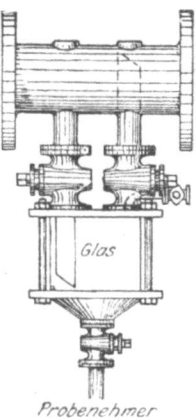

Fig. 14. Probenehmer für die Destillation im Vakuum (nach *Muspratt*, Steinkohlenteer Ergbd.).

erfolgt, wird auch die jeweils in Füllung begriffene Vorlage unter Vakuum gestellt, nach beendeter Füllung jedoch gegen den Kühler durch einen von Hand zu bedienenden Hahn abgeschlossen und unter Atmosphärendruck entleert. Besteht im anderen Falle die Anlage — in neuzeitlicher Art — aus wenigen großen Retorten, so ist es unzweifelhaft vorzuziehen, die Wechselvorlagen ganz wegfallen zu lassen und die Kühlerausläufe unmittelbar mit den die Destillate einer vollen Operation fassenden Kesseln zu verbinden. Selbstverständlich sind letztere dann, im Gegensatz zu dem erst beschriebenen System, während der ganzen Dauer der Destillation unter dem gleichen Vakuum zu halten wie die Retorten. Die Vorzüge und Nachteile beider Destillationsarten sind leicht zu übersehen. Die Einrichtung der Wechselvorlagen gewährt den Vorteil, die Kesselanlage von dem

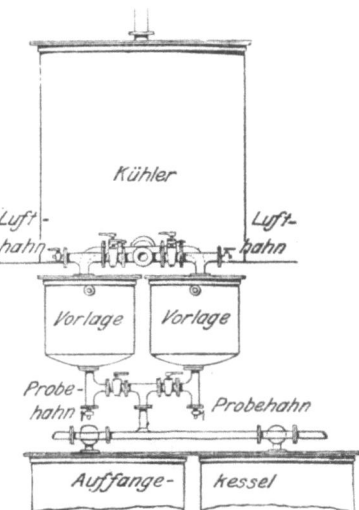

Fig. 15. Wechselvorlagen der Teerdestillation (nach *Muspratt*, Steinkohlenteer).

Destillationsvorgang unabhängig zu machen und sie infolgedessen auch sparsamer bemessen zu können. Außerdem gestatten die kleineren Zwischengefäße eine gute Kontrolle über die Menge des Destillates und den Verlauf des Betriebes. Demgegenüber gewährt das zweite System eine weit bessere Gewähr für Erhaltung der Luftleere während der Dauer der Destillation. Zahlreiche, zu Undichtigkeiten Anlaß gebende Armaturen kommen in Wegfall; die an den Verbindungshähnen auftretenden Undichtigkeiten fallen nicht sonderlich ins Gewicht, da ja das gesamte System ständig unter dem gleichen Vakuum gehalten wird; die Bedienung der das gesamte Destillat aufnehmenden Kesselanlage ist wesentlich vereinfacht.

f) Maschineller Teil des Destillationsbetriebes.

Zur Erzeugung der zur Destillation des Teers erforderlichen Luftleere verwandte man früher häufig Dampfstrahlgebläse (z. B. *Körting*sche Injektoren), deren ungemein einfache Handhabung gewisse Vorteile bot. Diese Arbeitsweise hat man wegen ihrer durch großen Dampfverbrauch bedingten Unwirtschaftlichkeit heute wohl überall verlassen und wendet zur Fraktionierung Retorten und Kessel allgemein Luftpumpen der verschiedensten Bauart an. Hierbei ergeben sich insofern gewisse Schwierigkeiten, als mit jeder Rohteerdestillation das Auftreten unkondensierbarer, stark schwefelwasserstoffhaltiger Gase verbunden ist, die in Gegenwart des stets vorhandenen Wasserdampfes (auch das jederzeit vorhandene Ammoniak scheint hier eine Rolle zu spielen) die feineren Maschinenteile, namentlich die Dichtfläche des Kolbens, des Zylinders und der Schieber angreifen und unter Bildung harter, in der Hauptsache aus Schwefeleisen bestehender Krusten, die Leistungsfähigkeit der Maschinen stark herabdrücken. Hiergegen kann man sich nur mangelhaft schützen, am besten noch dadurch, daß man zwischen Destillationsanlage und Pumpe geräumige Zwischenvorlagen einschaltet, in denen sich ein Teil der auch ölige Substanzen und Naphthalindämpfe mitführenden Verunreinigungen niederschlägt.

Trotz derartiger Maßregeln ist es nicht zu vermeiden, daß die Luftpumpen von Zeit zu Zeit auseinandergenommen, gründlich gereinigt und neu abgedichtet werden müssen. Das Auftreten von Schwefelwasserstoff und Ammoniak bedingt übrigens auch, daß die zur Verwendung gelangenden Maschinen in allen ihren Teilen nur aus Eisen hergestellt werden und Kupfer, auch in Legierungen, streng zu vermeiden ist.

Zur Beförderung nicht bloß der rohen Teerdestillate, sondern auch aller übrigen öligen oder geschmolzenen Teerbestandteile wendet man allgemein komprimierte Luft an, welche mit einem Überdruck von 2 bis 3 Atm zur Anwendung gelangt.

Die zur Erzeugung der Preßluft erforderlichen Kompressoren, deren Einrichtung als bekannt vorausgesetzt werden darf, bilden einen nie fehlenden Bestandteil der maschinellen Anlagen einer Teerdestillation. Sie werden meist zentral, etwa zusammen mit den zur Verwendung kommenden Luftpumpen angeordnet und komprimieren die Luft für die allgemeine, mit sämtlichen Druckkesseln der Fabrik durch Abzweige in Verbindung stehende Preßluftleitung. Die Handhabung dieses Verfahrens zur Bewegung der Öle gestaltet sich dann — durch das Öffnen weniger Ventile und Hähne — so einfach und sicher, daß es trotz mancher dagegen vorgebrachten Bedenken allgemein üblich ist, in dieser Weise zu arbeiten. Vielfach findet übrigens auch die Preßluft zum Durchrühren großer öliger Massen in den Destillationen Verwendung, wobei gleichfalls die Einfachheit der Handhabung und die Billigkeit der Anlage für ein derartiges Verfahren ins Gewicht fallen. Ein solches Luft-,,Rührwerk" besteht oft nur aus einem Rohr, durch welches die Luft am Boden des Gefäßes austritt. Bei liegenden zylindrischen Kesseln ordnet man mehrere derartige Rohre in der Längsrichtung nebeneinander an oder läßt das Haupteinleitungsrohr sich am Boden in mehrere Abzweigungen teilen.

Bei der Bewegung größerer Ölmassen, wie sie häufig beim Füllen aus den Lagerbehältern und bei deren Beschickung stattfindet, kann die Anwendung von Preßluft nicht mehr als zweckmäßig und noch weniger als wirtschaftlich angesehen werden. An deren Stelle tritt dann die Beförderung der Öle durch Pumpen aller Art, insbesondere durch die sehr leistungsfähigen Zentrifugalpumpen, die — häufig mit Elektromotoren direkt gekuppelt — sich als außerordentlich handliche und leistungsfähige Maschinen für diese Zwecke bewährt haben.

g) Destillationsverfahren.

Der entwässerte Rohteer kann in den Retorten im Vakuum sofort mit vollem Feuer unbedenklich destilliert werden, da die Gefahr des Überschäumens bei wasserfreiem Teer nur gering ist. Trotzdem bleibt hierbei, wie überhaupt in der Handhabung des gesamten Destillationsverfahrens, der Geschicklichkeit des Destillateurs noch viel überlassen. In kurzer Zeit wird dieser aus der Erfahrung den Zeitpunkt unschwierig erkennen können, zu welchem die, stärkeres Feuer vertragende Periode des Anheizens beendet ist und die Retorte ,,durchkommt", d. h. zu destillieren beginnt. Seinem Geschick bleibt es auch überlassen, später dafür zu sorgen, daß der Gang der Destillation weder zu langsam, noch überstürzt erfolgt, daß die Öle klar bleiben, eine Überspritzen der Retorte vermieden wird, daß der Zeitpunkt des ,,Umstellens" von einer Fraktion auf die nächst höhere nicht versäumt wird, daß die Temperatur der Destillate hoch genug liegt, um jegliche Verstopfung des Kühlers infolge Krystallausscheidung zu vermeiden, und daß endlich mit dem Abfeuern zeitig genug begonnen wird, um die gewünschte Pechkonsistenz zu erreichen.

Obwohl, wie wir sahen, die einzelnen Fraktionen des Rohteers nach ihren Siedegrenzen zu charakterisieren sind, arbeitet man doch in der Praxis im allgemeinen nicht mit eingesetzten Thermometern. Man bedient sich vielmehr der durch die Erfahrung gewonnenen Regel, daß mit dem Siedepunkt auch die spezifischen Gewichte der Fraktionen gleichmäßig steigen und beobachtet den Gang der Destillation durch Untersuchung der spezifischen Gewichte des ablaufenden Destillates. In Rücksicht auf die wechselnden, bei den krystallisierenden Fraktionen notwendigerweise höher liegenden Beobachtungstemperaturen benutzt man hierbei Ölspindeln, die mit Thermometern versehen sind und in einfacher Weise, auf empirischer Grundlage, den Einfluß der Temperatur zu berücksichtigen gestatten.

Während die Grenzen des Mittel- und Schweröls im wesentlichen davon abhängen, ob und wie man diese Fraktionen weiter zu verarbeiten gedenkt und, je nach diesen Zwecken gewisse Verschiebungen gestatten, wird die Abnahme der letzten öligen Fraktion des Anthrazenöls nicht von diesen Rücksichten allein, sondern auch durch die zu erzielende Beschaffenheit des Pechs bestimmt. Da an dieses neben anderem sehr bestimmte Anforderungen hinsichtlich des Schmelz- oder richtiger gesagt Erweichungspunktes gestellt werden und letzterer mit sinkendem Ölgehalt schnell steigt, kann der Teer nur solange destilliert werden, bis der gewünschte Pecherweichungspunkt erreicht ist. Nach einem anderen Verfahren setzt man die Destillation des Anthrazenöls noch etwas weiter fort und bringt den Erweichungspunkt des zu hart gewordenen Peches durch Zusatz von Teerölen, denen man wertvollere Bestandteile zuvor entzogen hat, zu dem noch flüssigen Hartpech auf die gewünschte Höhe. Es ist nun in den seltensten Fällen möglich, die Beendigung der Destillation sozusagen in einem Augenblick herbeizuführen, denn während der Destillation der zu höchst siedenden Anteile ist das Mauerwerk der Retorten zum großen Teil glühend und würde auch nach der Herausnahme des Feuers infolge seiner Heizwirkung die Beendigung der Destillation ungemein verzögern und auf das Pech unter Umständen sogar verkokend einwirken. Um diese Übelstände zu vermeiden, gilt es daher, entweder die Destillation so vorzeitig abzubrechen, daß auch unter Berücksichtigung jener nachheizenden Wirkung der richtige Erweichungspunkt des Peches erreicht wird, oder man zieht das Feuer vorzeitig heraus und bläst geringe Mengen trockenen Dampfes in den Retorteninhalt. Hierdurch werden die letzten Anteile des Anthrazenöles übergetrieben, gleichzeitig wird aber auch eine der Koksbildung entgegen wirkende, genügende Abkühlung des Retorteninhaltes bewirkt.

F. Das Leichtöl.
a) Gewinnung und Eigenschaften.

Die Gewinnung des Leichtöls bei der Entwässerung des Rohteers wurde bereits oben beschrieben (S. 44). Sie bildet in Verbindung mit der Benzolgewinnung in früheren Jahren, als dieses Öl das einzige Rohmaterial für die Erzeugung der Benzole darstellte, vielleicht den wichtigsten und nutzbringendsten Teil des Teerdestillationsbetriebes. Heute, wo das Benzol zum weit überwiegenden Teil durch Auswaschen der Kokereigase gewonnen wird, ist die Bedeutung des dem Teer entstammenden Leichtöls naturgemäß sehr gesunken, zumal in den heute zumeist verarbeiteten Kokereiteeren der Benzol- und Leichtölgehalt, wie bereits erwähnt, sehr gering ist. Seiner Entstehung nach ist natürlich sowohl das aus den Gasen erhaltene Rohbenzol (auch vielfach als Leichtöl bezeichnet), als auch das Leichtöl des Teeres, obwohl an verschiedenen Stellen und auf verschiedene Weise gewonnen, ein und dasselbe Destillationserzeugnis der Kohle, so daß es berechtigt erscheint, hier ganz allgemein die

Beschaffenheit und Aufarbeitung dieser Öle zum Gegenstand unserer Betrachtung zu machen.

Das Leichtöl stellt eine gelb bis braun gefärbte, meist stark nach Schwefelammon, Naphthalin und den Verunreinigungen des Benzols riechende, leichtbewegliche Flüssigkeit dar, deren spez. Gewicht im Gegensatz zu allen übrigen Teerölen unter 1,0, und zwar etwa zwischen 0,910 bis 0,960 liegt. Es beginnt etwa bei 80°, dem Siedepunkt des Bezols, zu sieden, durchläuft ziemlich gleichmäßig ansteigend in seinem Siedepunkt die ganze Skala der homologen Benzole und endet etwa beim Siedepunkt des in ihm stets enthaltenen Naphthalins (218°). Wesentlich benzolreicher und daher bis 160° in größerer Menge übergehend, ist das Leichtöl des Gasteers, welches, wenn auch in unbedeutender Menge, auch noch heute als ein verhältnismäßig wertvolles Ausgangsmaterial zur Gewinnung der Benzole bezeichnet werden kann. Während bei diesem Leichtöl auch der Naphthalingehalt sich in mäßigen Grenzen (10 bis 20%) hält, steigt letzterer in dem Leichtöl des Kokereiteers so bedeutend, daß beim Abkühlen dieses Öles bereits beträchtliche Mengen festes Naphthalin zur Ausscheidung gelangen. Obwohl man auf diesen Umstand bei der Gewinnung, der Aufbewahrung und Weiterbeförderung des Öles Rücksicht nimmt, indem man hierbei seine Temperatur auf einer mäßigen Höhe (40 bis 50°) zu halten bestrebt ist, findet doch im Betrieb keine Abscheidung des Naphthalins vor der Weiterverarbeitung des Öles statt.

b) Zusammensetzung.

Unter den Bestandteilen des Leichtöls begegnen wir zum erstenmal den drei Hauptgruppen von Verbindungen, welche sich in allen Fraktionen des Steinkohlenteers wiederfinden und für dessen Zusammensetzungen besonders charakteristisch sind; den Phenolen, Pyridinbasen und aromatischen Kohlenwasserstoffen. Daneben treten, meist in untergeordneter Menge, zahlreiche andere Körper, teils ungesättigten, teils aber auch gesättigten Charakters auf, die wir hier am besten unter der Bezeichnung „Benzolbegleiter" zusammenfassen und betrachten. Ein weiteres Charakteristikum nicht bloß der Leichtölbestandteile, sondern ganz allgemein der im Steinkohlenteer sich findenden Verbindungen, ist das Auftreten der homologen und kondensierten, analogen Reihen, denen wir hier zum ersten Mal begegnen und die in fast schematischer Weise auch in allen höheren Fraktionen, sowie auch bei den die Hauptgruppen begleitenden Nebenbestandteilen angetroffen werden.

α) Phenole. Im Leichtöl finden sich: Phenol, o-m-p-Kresol, deren Gewinnung und Reinigung uns später beschäftigen werden.

β) Pyridin und andere Basen. Die basischen Bestandteile des Leichtöls bestehen in der Hauptsache aus Pyridin, α- und β-Pikolin, $\alpha\alpha$- und $\alpha\gamma$-Lutidin, verschiedenen Trimethylpyridinen und dem 1., 2., 3., 4. Tetramethylpyridin[1]. (Gewinnung und Reinigung des technischen Erzeugnisses, siehe unter Pyridinbasen.) Von untergeordneter Bedeutung, aber trotzdem

---

[1] *Ahrens*, Ber. d. Dtsch. chem. Ges. **28**, 795 (1895).

einwandfrei nachgewiesen, sind die aromatischen Basen, Anilin und seine Homologen.

γ) **Kohlenwasserstoffe.** Die technische und wirtschaftliche Bedeutung des Leichtöls liegt auch heute noch in seinem Gehalt an verschiedenen Benzolen, welche außer durch ihren Stammkörper, dem Benzol selbst, durch dessen methylierte Homologen bis zum Tetrasubstitutionsprodukt, dem Durol, vertreten sind. Auch äthylierte und propylierte Abkömmlinge wurden nachgewiesen, allein die Mengen dieser beiden Gruppen sind so gering, daß man versucht ist, sie als Nebenerzeugnisse im Verlauf der pyrogenen Benzolbildung aufzufassen. Mit Sicherheit wurden folgende Individuen nachgewiesen: Benzol, Toluol, o-m-p-Xylol, Pseudocumol, Mesitylen, Hemellithol, Durol. Daneben in untergeordneter Menge: Äthylbenzol o-m-p-Äthyltoluol, Propylbenzol, Isopropylbenzol[1]. Als gesättigter Kohlenwasserstoff mit seitlichem Fünfring verdient das im Schwerbenzol auftretende Hydrinden Erwähnung[2] Daß sich auch gewisse Mengen Naphthalin in jedem Leichtöl finden, wurde bereits oben erwähnt.

δ) **Benzolbegleiter.** Diese Verbindungen bestehen in der Hauptsache aus ungesättigten Kohlenwasserstoffen, und zwar vornehmlich solchen, welche der normalen Ölefinreihe angehören. Wenn auch noch nicht mit völliger Sicherheit charakterisiert, darf man doch aus ihren Umwandlungsprodukten, welche bei der Benzolreinigung eine Rolle spielen, schließen, daß mit den Benzolen das Hexylen und seine Homologen sich im rohen Leichtöl finden. In nicht unbedeutender Menge kommt im Rohxylol das Styrol als halb aromatischer Vertreter dieser Gruppe vor. Daneben ließen sich im Benzolverlauf auch 1,3 Butadien[3] und dessen Isomeres das 2,3 Butylen[4] nachweisen. Gleichfalls im Benzolvorlauf findet sich eine cyclische, ungesättigte Verbindung, das Cyclopentadien[5] und als deren kondensiertes Analogon im Schwerbenzol das Inden[6]. In unbedeutenden Mengen werden die Benzole übrigens auch von Kohlenwasserstoffen der Paraffinreihe begleitet, über deren Konstitution nichts Näheres bekannt geworden ist. Die Phenole sind nicht die einzigen, sauerstoffhaltigen Verbindungen im Leichtöl, vielmehr findet sich in dessen höheren Fraktionen eine Gruppe von Bestandteilen, welche einen Furanring enthalten und gleichzeitig unter den Benzolbegleitern, den Körpern ungesättigten Charakters, zugerechnet werden müssen, das Cumaron[7] und seine Homologen. Als sauerstoffhaltige Begleiter der Benzole sind auch die Ketone zu erwähnen, von denen das Aceton, Methyläthylketon und als aromatischer Vertreter das Acetophenon[8] nachgewiesen wurden. Endlich sei noch einer Gruppe schwefel-

---

[1] *G. Schultze*, Ber. d. Dtsch. chem. Ges. **42**, 3613 u. 3617 (1909).
[2] *Kraemer, Spilker*, Ber. d. Dtsch. chem. Ges. **29**, 561 (1896). *Moschner*, Ber. d. Dtsch. chem. Ges. **33**, 737 (1900).
[3] *V. Meyer, Jakobsohn*, Organ. Chemie I, **1**, 884 (1907).
[4] Eigene Beobachtung.
[5] *Kraemer, Spilker*, Ber. d. Dtsch. chem. Ges. **29**, 552 (1896).
[6] *Kraemer, Spilker*, Ber. d. Dtsch. chem. Ges. **23**, 3276 (1890).
[7] *Kraemer, Spilker*, Ber. d. Dtsch. chem. Ges. **23**, 78 (1890).
[8] *R. Weißgerber*, Ber. d. Dtsch. chem. Ges. **36**, 754 (1903).

Das Leichtöl.

haltiger Verbindungen, der Thiophene, Erwähnung getan, welche durch die klassischen Untersuchungen *V. Meyers* und seiner Schüler[1] in den Handelsbenzolen entdeckt und aus ihnen zuerst gewonnen wurden. Sie bilden eine, ihrer Menge nach zwar kleine aber typische Gruppe der Teerbestandteile und treten gleichfalls in homologen und analogen Reihen auf. Eine andere schwefelhaltige Verbindung, der Schwefelkohlenstoff, findet sich im Benzolvorlauf.

c) Die Aufarbeitung.

Die Technik bedient sich — wenigstens im Großbetrieb — nur zweier Verfahren zur Aufarbeitung des Leichtöls; der fraktionierten Destillation und der chemischen Behandlung der Destillate zwecks Beseitigung aller störenden Benzolbegleiter. Die Fraktionierung trennt die Homologen auf Grund ihrer von einander abweichenden Siedepunkte, führt aber nur in zwei Fällen, nämlich beim Benzol und Toluol, zum Reinerzeugnis. Bereits bei den Xylolen vermag sie die drei Isomeren infolge ihrer nahe beieinander liegenden Siedepunkte nicht mehr zu isolieren und begnügt sich im „Reinxylol" ein wenigstens toluol- und cumolfreies Isomerengemisch darzustellen. Bei den „Cumolen" verzichtet sie in Rücksicht auf die geringen Anforderungen, welche der Handelsverkehr an die Einheitlichkeit dieser Fraktion stellt, auch auf die vollständige Abtrennung der Homologen und bringt diese Anteile nur in Form zweier, durch ihre Siedegrenzen voneinander unterschiedenen Marken, des Lösungsbenzols I und II, in den Verkehr.

Im Handelsschwerbenzol endlich wird nur eine von Phenolen und Basen befreite — 200° siedende, halbgereinigte Fraktion erhalten, welche sich aus den rohen Tri- und Tetramethylbenzolen zusammensetzt, daneben aber auch bereits geringe Mengen Naphthalin enthält. Mit der soeben kurz geschilderten Trennung der im Leichtöl enthaltenen Benzolkohlenwasserstoffe ist die Betriebsarbeit, soweit sie in Destillation besteht, in den meisten Fällen erschöpft.

Bevor auf die nicht minder wichtige, chemische Reinigung der Benzole eingegangen wird, mag indessen derjenigen Verfahren gedacht werden, welche die wissenschaftliche Chemie zwecks Isolierung weiterer Bestandteile des Leichtöls kennen gelehrt hat und welche in hohem Maße auch als Grundlage für eine im Bedarfsfalle anzuwendende, technische Gewinnung dieser Erzeugnisse angesehen werden können.

Die Trennung der drei Xylole des Steinkohlenteers läßt sich auf Grund ihres verschiedenen Verhaltens bei der Sulfurierung, sowie des Verhaltens und der Eigenschaften ihrer Sulfosäuren[2] bewirken: Am leichtesten sulfurierbar ist die Metaverbindung, welche durch partielle Behandlung des vorfraktionierten Teerxylols mit Schwefelsäure, Krystallisation der Sulfosäure und Zerlegung der letzteren rein erhalten wird. Demgegenüber ist das Paraxylol durch gewöhnliche Schwefelsäure von 66° Bé nur schwer angreifbar und bleibt daher bei der Behandlung des Teerxylols mit dieser als fast unsulfurierbar zurück.

---

[1] *V. Meyer* und Schüler, Ber. d. Dtsch. chem. Ges. **16**, 1465 (1884); **16**, 1624 und 2970 (1884).
[2] *Jakobsen*, Ber. d. Dtsch. chem. Ges. **10**, 1009 (1877).

Zur weiteren Reinigung werden diese nicht angegriffenen Reste mit Oleum behandelt. Durch Krystallisation der so erhaltenen Sulfosäure und schließlich durch Zerlegung der letzteren kann die reine p-Verbindung erhalten werden. Das nur in geringer Menge vorhandene o-Xylol läßt sich mit Hilfe seines schwer löslichen, sulfosauren Natronsalzes rein darstellen. Schwieriger gestaltet sich die Trennung der Trimethylbenzole (Cumole), von denen nur das Pseudocumol einigermaßen leicht darstellbar ist[1]. Es wird erhalten, indem man die vorfraktionierten Teercumole in die Sulfosäuren überführt, von letzteren die Amide bereitet und diese durch Krystallisation aus Alkohol trennt. Auch die Krystallisation und weitere Reinigung der freien Sulfosäuren führt zum Ziel. Aus den getrennten Sulfosäuren sind die ihnen zugrunde liegenden Kohlenwasserstoffe leicht durch Zerlegung im Dampfstrom abzuspalten[2]. Das Mesitylen ist aus sulfurierten Gemischen durch die leichte Zerlegbarkeit seiner Sulfosäure abzuscheiden[3]. Die Isolierung des Durols stößt infolge des ähnlichen Verhaltens des nur schwer aus dem Ausgangsmaterial fern zu haltenden Naphthalins auf große Schwierigkeiten. Es läßt sich isolieren, wenn man die gut vorfraktionierten, etwa von 190 bis 195° siedenden Anteile der Leichtölkohlenwasserstoffe mit Schwefelsäure behandelt, die schwer sulfurierbaren Anteile mit Oleum in ihre Sulfosäuren überführt und bei deren Zerlegung im Dampfstrom die krystallisierenden Anteile der abgespaltenen Kohlenwasserstoffe getrennt auffängt[4]. Auch für die Benzolbegleiter ungesättigten Charakters, welche wie z. B. das Cyclopentadien, Styrol, Inden und Cumaron in nicht unbedeutenden Mengen sich in den ihrem Siedepunkt entsprechenden Fraktionen vorfinden, hat man Verfahren zu ihrer Abscheidung ausgearbeitet. So isoliert man das Cyclopentadien indem man eine bei etwa 30 bis 40° siedende Fraktion des Benzolvorlaufs zwecks Polymerisation sich selbst überläßt, hierauf alle nicht polymerisierten Anteile abdunstet und den krystallisierten und gegebenenfalls nochmals destillierten, aus Dicyclopentadien bestehenden Rückstand durch Erhitzen in die monemere Form zurückverwandelt[5]. Stryol läßt sich aus dem Rohxylol über sein schön krystallisierendes Dibromid, welches nach der Bromierung des Ausgangsmaterials durch fraktionierte Destillation darzustellen ist, rein erhalten. In der Fraktion 175 bis 185° des rohen Schwerbenzols finden sich Cumaron und Inden als Begleiter der Kohlenwasserstoffe in einer Menge von 30 bis 35% des Ausgangsmaterials. Ihre Abscheidung gelingt zwar verhältnismäßig leicht mit Hilfe der Pikrate, allein aus letzteren läßt sich durch Umkrystallisieren nur das Cumaronpikrat einigermaßen bequem rein erhalten[6]. Die völlige Reinigung des Indens und seine Trennung von Cumaron bildete ein, lange Zeit vielfach bearbeitetes Problem. Schließlich gelang die Isolierung des reinen Indens mit Hilfe seiner Natriumverbin-

---

[1] *Jakobsen*, Ann. d. Chem. u. Phys. **184**, 198.
[2] *Jakobsen*, Ann. d. Chem. u. Phys. **184**, 198.
[3] *Armstrong*, Ber. d. Dtsch. chem. Ges. **11**, 1697 (1878).
[4] *Schulze*, Ber. d. Dtsch. chem. Ges. **18**, 3032 (1886) und **20**, 409 (1887).
[5] *Kraemer, Spilker*, Ber. d. Dtsch. chem. Ges. **29**, 552 (1896).
[6] *Kraemer, Spilker*, Ber. d. Dtsch. chem. Ges. **23**, 78 (1890).

dung, welche sich bereits aus der rohen Fraktion durch Behandlung mit Natriumamid oder Natrium in fester, leicht abtrennbarer Form abscheidet[1]. Sie zerfällt mit Wasser sogleich in Inden und Natronhydrat. Nicht unerwähnt mag auch die Isolierung der Thiophene bleiben, welche mit Hilfe ihrer leichten Sulfurierbarkeit durchführbar ist.

Die chemische Reinigung der Leichtölfraktionen bezweckt zunächst die Entfernung der Phenole und Basen, welche erstere durch Natronlauge, letztere durch verdünnte Schwefelsäure, restlos abgeschieden werden. Sodann aber erblickt sie ihre Aufgabe in der Beseitigung der Benzolbegleiter, insbesondere der ungesättigten Verbindungen, welche, wofern die Handelserzeugnisse chemisch weiter verarbeitet werden sollen, oder wofern sie auch nur wasserhelle Farbe, reinen Geruch, Lichtbeständigkeit besitzen oder nicht verharzen sollen, unbedingt entfernt werden müssen. Sie erreicht ihr Ziel mit größerer oder geringerer Vollkommenheit durch Behandlung der Rohbenzole mit geringen Mengen konzentrierter Schwefelsäuren (66° Bé), welche die ungesättigten Körper in einer Weise verändert, daß sie entweder unmittelbar oder nach darauffolgender Destillation unschwierig von den Benzolen getrennt werden können.

Die chemischen Vorgänge bei der mit konzentrierter Schwefelsäure vorgenommenen „Benzolwäsche" sind keineswegs völlig aufgeklärt, doch ergeben die bisherigen Feststellungen wenigstens annähernd ein Bild von der Wirkungsweise der Säure: Etwa dreierlei Reaktionen laufen hier nebeneinander her, indem, je nach der Arbeitsweise und dem Verhalten der Benzolbegleiter im besonderen Falle, bald die eine, bald die andere vorherrscht.

1. Anlagerung der Schwefelsäure an die ungesättigten Bindungen unter Bildung saurer und — vielleicht auch — neutraler Schwefelsäureäther. Diese vielfach in den niederen Fraktionen beobachtete Art der Einwirkung scheint besonders bei den Verbindungen der normalen Olefinreihe, den Äthylenen Platz zu greifen. Die entstandenen Schwefelsäureverbindungen verbleiben entweder in der nach erfolgter Wäsche abgezogenen Säure, der Abfallsäure, oder sie finden sich in Form ihrer Ester in den Benzolen gelöst und werden aus diesen durch Auswaschen mit geringen Mengen Wasser entfernt.

2. Polymerisation der ungesättigten Verbindungen. Dieser, auch an reinen Körpern oft studierte Vorgang, ist in seinem Chemismus bekanntlich noch völlig unaufgeklärt. Bei der Benzolwäsche wird er sowohl in den niederen Fraktionen, vor allem aber bei den Schwerbenzolen, und zwar bei dem in diesen vorkommenden Cumaron und Inden beobachtet. Unter starker Erwärmung werden diese beiden Körper in ihrer Benzollösung durch konzentrierte Säure polymerisiert, „verharzt", die Polymerisationsprodukte bleiben in Form amorpher Harze in den gewaschenen Benzolen gelöst und werden bei der der Wäsche folgenden Destillation in Form kolophoniumähnlicher Massen (Cumaronharz) in den Blasenrückständen erhalten. In den niederen Benzolfraktionen bestehen diese polymeren Erzeugnisse aus hochsiedenden Ölen.

---

[1] *R. Weißgerber*, Ber. d. Dtsch. chem. Ges. **42**, 569 (1909). Ferner D.R.P. 205465 und 209694 (Ges. f. Teerv.), sowie D.R.P. 345867 (Ges. f. Teerv. u. Dr. *Weißgerber*).

3. **Die Bildung von Kondensationsprodukten.** Dieser Vorgang ist besonders eingehend bei dem Rohxylol studiert und aufgeklärt. Hier verbindet sich der ungesättigte Körper (Styrol) mit homologen Benzolen zu hochmolekularen und hochsiedenden Kohlenwasserstoffen (z. B. Styrol und Xyol zu Phenylxylyläthan), welche sich wiederum in den Destillationsrückständen der mit Schwefelsäure behandelten Roherzeugnisse finden. Fast völlig ungeklärt dagegen ist der Vorgang der Säurewäsche gerade bei der am meisten dieser Reinigung unterzogenen Fraktion, dem Benzol selbst. Wir wissen, daß dessen hauptsächlichster Begleiter das Cyclopentadien bei der Behandlung mit Schwefelsäure restlos verharzt wird. In den meisten Fällen bleiben diese Harze in den Abfallsäuren gelöst, fallen aber sogleich als dunkle, amorphe Masse aus, wenn diese mit Wasser verdünnt wird. Diese überaus lästigen Abfallprodukte, die „Säureharze" des Benzolbetriebes sind, soweit sie aus Cyclopentadien entstanden sind, in den gebräuchlichsten Lösungsmitteln (z. B. Benzol und Teerölen) mit Ausnahme des Pyridins völlig unlöslich; an der Luft trocknen sie allmählich zu festen, spröden Massen ein. Ihr starker Schwefelgehalt läßt darauf schließen, daß der Schwefelsäurerest noch in irgendeiner Form in ihrem Molekül enthalten ist. Beim Erhitzen verkohlen sie unter Abgabe geringer Mengen leichtflüssiger Destillate fast völlig.

d) Die Apparatur.

Die Destillation sowohl des Leichtöls selbst als auch der benzolhaltigen Fraktionen erfolgt durchweg in schmiedeeisernen Blasen durch Heizung mittelst Dampfschlange, seltener unter gleichzeitigem Einblasen von direktem Dampf. Der Fassungsraum der Blasen hat mit der im Laufe der letzten Jahre ungemein rasch gestiegenen Größe der Verarbeitung gleichfalls eine schnelle Steigerung erfahren, so daß heute Benzolblasen von 50 bis 70 cbm Inhalt nicht zu den Seltenheiten gehören. Diese Ausmaße haben im Zusammenhang mit konstruktiven Gründen dazu beigetragen, daß die früher oft beliebte Form der stehenden Zylinder heute fast durchweg verlassen worden ist und den Blasen liegender Form mit eingebautem horizontalen Heizrohren Platz gemacht hat. Zweckmäßig ordnet man letztere so an, daß sie bei Reparaturen, ohne daß die Blase auseinandergenietet werden muß, in ihren einzelnen Gängen herausgezogen werden können. Da, wo eine besonders weitgehende Erschöpfung des Destillationsrückstandes angezeigt erscheint, legt man eine zweite kleinere Schlange, die selbständig betrieben werden kann, in den tiefer liegenden Teil des Zylinders.

Von entscheidender Bedeutung für die Wirksamkeit der Benzolblasen ist die Größe und Einrichtung der mit ihnen verbundenen Fraktionierkolonnen. Diese allein ermöglichen eine zweckmäßige wirtschaftlich vorteilhafte Scheidung in die gewünschten Fraktionen, indem sie das Prinzip der Trennung durch Destillation (Dephlegmierung) in ihren Etagen vervielfachen. Die Entwicklung der technischen Ausbildung dieser Apparate hat von der Spiritusindustrie ihren Ausgang genommen, welche sich schon früher vor die Aufgabe gestellt sah, ein Gemisch zweier Stoffe mit auseinander liegenden Siedepunkten

Das Leichtöl. 61

(Alkohol und Wasser) in großem Maßstabe unter Einsatz möglichst geringer Wärmemengen und kürzester Zeitdauer zu trennen. Die von ihr eingeführte und neben anderen Rektifikationseinrichtungen vielfach verwendeten Siebkolonnen wurden in früheren Jahren auch in der Benzolindustrie verwendet. Sie waren bereits auf dem Prinzip aufgebaut, das auch heute noch bei neuzeitlichen Kolonnen-Konstruktionen seine Anwendung findet, und bestanden aus hohen Zylindern, welche durch zahlreiche Siebböden in einzelne Etagen geteilt waren. Die aufsteigenden Dämpfe durchströmten die Lochungen der Böden, welche ihrerseits durch einen über der Kolonne angeordneten Rückflußkühler berieselt wurden. Überläufe sorgten in jeder einzelnen Etage dafür, daß die auf dieser befindliche Flüssigkeitsschicht auf einer angemessenen Höhe gehalten wurde. Auf jedem einzelnen Boden vollzog sich nunmehr ein Austausch zwischen dem Hochsiedenden der aufsteigenden Dämpfe und dem Leichtsiedenden der den Boden bedeckenden Flüssigkeitsschicht, so daß nur das letztere im Dampfstrom dem nächst höheren Boden zugeführt wurde. Die Siebkolonnen haben den verhängnisvollen Nachteil, daß die Flüssigkeitsschichten, namentlich bei älteren Apparaten, nur in den seltensten Fällen auf den Böden bis zur Höhe des Überlaufs stehen bleiben und durch letzteren ihren Weg nach abwärts nehmen, vielmehr fließen sie schon bei geringen Druckschwankungen durch die Lochungen oder auch durch Undichtigkeiten, ohne den beabsichtigten Austauschprozeß durchgemacht zu haben, auf kürzestem Weg in die Blase zurück und machen auf diese Weise die Wirkung der Kolonne völlig illusorisch. Diesem Übelstand begegnen die später gebauten, im Prinzip gleichfalls in der Spiritusindustrie schon ziemlich früh angewandten Glockenkolonnen, bei denen die Böden aus nicht gelochten Blechen oder Platten bestehen und die Dämpfe durch eine größere Anzahl Stutzen mit auf-

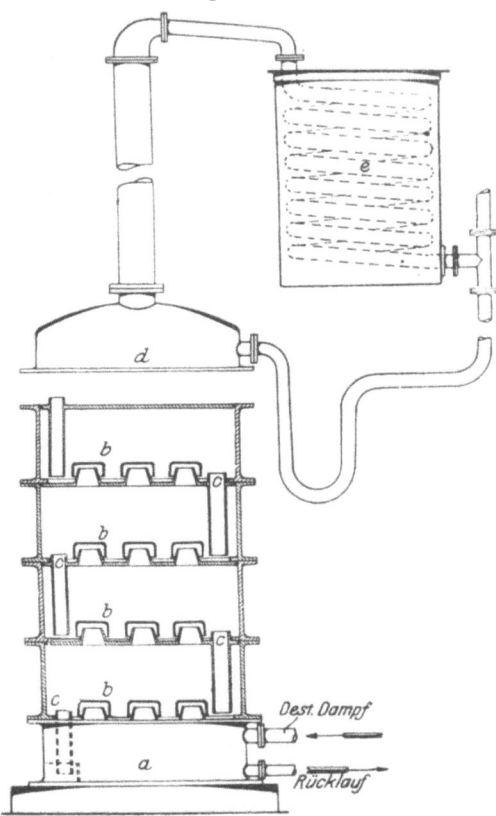

Fig. 16. Schema einer Glockenkolonne.
a Untersatz. b Glocken. c Rücklaufrohre. d Haube.
e Kondensator.

gesetzten Glocken gezwungen werden, die einzelnen Flüssigkeitsschichten wirklich zu durchstreichen (Fig. 16). Die Anordnung der Überläufe ist die gleiche wie bei den Siebkolonnen. Die Glockenkolonnen, welche noch heute in der Benzolindustrie im Gebrauch sind, haben im Laufe der Jahre eine Reihe von Verbesserungen erfahren, welche, wenn auch durchaus wirkungsvoll, doch verhältnismäßig nebensächlicher Natur sind. So hat man z. B. durch eingegossene Rippen die Berieselung jedes einzelnen Bodens zwangsläufig geführt und die Zeitdauer ihres Verbleibens auf letzterem verlängert. Um Verstopfungen zu vermeiden, hat man ferner die Größe und Form der Glocken vielfach geändert oder die, die Flüssigkeitsschichten durchströmenden Dämpfe wurden in möglichst viele kleine Gasblasen durch zackenförmige Ausbildung der Glockenwände aufgelöst u. a. m. Eine von diesen Konstruktionen völlig abweichende Bauart wählt *F. Raschig* (D. R.-P. 286 122, 392 622, 297 379), welcher in einfacher aber äußerst wirkungsvoller Weise einen leeren Zylinder von beträchtlicher Höhe mit lose aufgehäuften Blechringen (Raschigringen) füllt und diese durch einen über der Kolonne angeordneten Kondensator berieselt. Das Kondensat legt hier infolge der Form und gänzlich unregelmäßigen Lagerung der Ringe einen komplizierten, jedenfalls aber sehr langen Weg den aufsteigenden Dämpfen entgegen zurück und tritt hierbei gemäß dem oben angedeuteten Prinzip systematisch mit den aufsteigenden Dämpfen in Wechselwirkung. Diese Kolonnen leisten, wofern sie in genügender Höhe und mit verhältnismäßig starker Kondensation zur Anwendung gelangen, Vorzügliches. Sie haben den unbestrittenen Vorteil, mit einem nur mäßigen Destillationsdruck auszukommen, erfordern indessen meist sehr bedeutende Bauhöhen, die man nicht überall anzuwenden geneigt ist. Wie aus obigem hervorgeht, ist die Stärke der Berieselung durch den auf jede Kolonne aufgesetzten Kondensator von erheblicher Bedeutung. Steigert man den Rückfluß durch vermehrte Kühlung, so verstärkt man die trennende Wirkung des Apparates, hat aber auch größere Mengen des Blaseninhaltes zur Verdampfung zu bringen und muß demnach mehr Wärme aufwenden bzw. vermindert die Leistungsfähigkeit der Kolonne je Zeiteinheit. Hier das richtige Maß einzuhalten, wird mehr oder weniger immer eine Sache der Erfahrung bleiben und ist andererseits natürlich auch von der größeren oder geringeren Einheitlichkeit des zu fraktionierenden Blaseninhaltes abhängig[1]. Früher legte man besonderen Wert darauf, den Kondensator als reinen Rückflußkühler unmittelbar auf den obersten Schuß der Kolonne aufzusetzen, indem man ersteren hierbei als Röhrenkühler anordnete. Die Erfahrung lehrt, daß bei Glockenkolonnen auch sehr gute Ergebnisse erhalten werden, wenn man den Kondensator als absteigenden Kühler (z. B. in der Form eines gewöhnlichen Schlangenkühlers) ausbildet und das Kondensat durch ein Syphonrohr auf den obersten Boden zurücklaufen läßt. In diesem Fall werden Kondensat und nicht kondensierte Dämpfe in einem geräumigen T-Stück getrennt (s. Fig. 16). Bei Raschig-

---

[1] Vgl. *Hausbrand*, Die Wirkungsweise der Rektifizierapparate. Berlin 1921. S. 8 u. 9.

kolonnen ist die Verteilung des Kondensates auf die gesamte Oberfläche der Kolonne z. B. durch einen Siebboden, von Wichtigkeit.

Die aus den Kolonnen entweichenden Dämpfe werden in Kühlern beliebiger Bauart verdichtet und in Destillationskesseln aufgefangen, deren Größe und Anzahl sich sinngemäß nach der Größe der Gesamtanlage und den zu erzielenden Betriebsergebnissen richtet. Auch hier kann es angezeigt erscheinen, in Rücksicht auf die Destillation der höheren Fraktionen im Vakuum mit Wechselvorlagen, wie bei der Teerdestillation (s. diese) zu arbeiten, wie überhaupt die Einrichtung dieses Teiles der Destillationsanlage nach den gleichen Grundsätzen und in der gleichen Ausführung, wie bei der Destillation des Rohteers anzulegen ist und daher hier nicht einer wiederholten Erörterung bedarf.

Die unter der Bezeichnung Benzolwäscher bekannten Apparate (Fig. 17), welche dazu dienen, die Redestillate chemisch zu behandeln, bestehen fast durchweg aus zylindrischen Gefäßen mit konischem Boden und besitzen — in Abhängigkeit von der Größe der Destillationsblasen — einen Fassungsraum von 5—10 und mehr Kubikmeter. In ihnen sollen die Rohbenzole mit Chemikalien wie Natronlauge, verdünnter und konzentrierter Schwefelsäure möglichst innig gemischt werden; sie sind daher mit leistungsfähigen Rührwerken versehen, welche imstande sein müssen, meist geringe Mengen der spezifisch schweren Reagentien mit großen Mengen der Benzole in innige Berührung zu bringen.

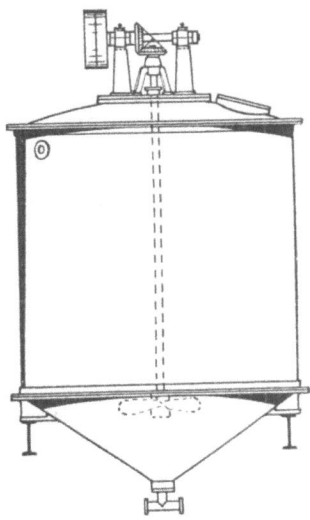

Fig. 17. Wäscher.

Das früher allgemein angewandte, verlustreiche Verfahren, das Waschen der Benzole durch eingeblasene Luft zu bewirken, ist verlassen; statt dessen wendet man in den meisten Fällen Schiffsschraubenrührer mit hohen Tourenzahlen an, welche meist im Deckel, seltener im Wäscher selbst, gelagert sind und regelt oft ihre saugende Wirkung noch durch einen eingebauten, kleineren Zylinder oder indem man die Schrauben mit einem festen, mitrotierenden Zylinder umgibt. Zweckmäßig trennt man die Wäsche der Benzole mit neutralen oder alkalischen Flüssigkeiten von der mit verdünnter und konzentrierter Säure vorzunehmenden und ordnet die Apparate etagenförmig so an, daß das Ausziehen der Phenole und Basen in hochgelegenen Wäschern erfolgt, aus denen die Benzole nach der Extraktion in die tiefer liegenden Säurewäscher durch freien Fall abfließen. Während für die alkalischen Wäschen in schmiedeeisernen Apparaten gearbeitet werden kann, empfiehlt es sich, letztere für die Behandlung mit verdünnten Säuren zu verbleien. Mit konzentrierter Säure kann dagegen wieder unbedenklich in Eisen, zweckmäßig in Gußeisen gearbeitet werden. Unerläßlich ist es, nach jeder Behandlung der Benzole mit Säuren, die anhaftenden Reste derselben bzw.

die gelösten Sulfosäuren oder sauren Schwefelsäureäther durch Nachwaschen mit Wasser zu entfernen und endlich die letzten Säurespuren durch eine Nachwäsche mit Natronlauge abzustumpfen. Auch für diese Nachwäschen wendet man zweckmäßig eigene Apparate an.

4. **Gang des Betriebes.** Die Gewinnung der Handelsbenzole bestand, wie wir sahen, in einer Kombination von fraktionierter Destillation und chemischer Reinigung. Der Gang des Betriebes braucht indessen keineswegs immer nach demselben Schema zu erfolgen, ist vielmehr in hohem Maße abhängig von der Leistungsfähigkeit der Kolonnen und der geforderten größeren oder geringeren Reinheit der Enderzeugnisse. Grundsätzlich soll die chemische

Übersicht IV. Schema einer Leichtöl-Aufarbeitung.

Leichtöl			
Rohbenzol I zur Wäsche	gewaschenes Rohbenzol I		→ Reinbenzol → 90% Handelsbenzol
Rohbenzol II zur Wäsche	gewaschenes Rohbenzol II	Rohtoluol { Tol. Vorlauf	→ ger. Toluol → Reintoluol
Rohbenzol III zur Wäsche	gewaschenes Rohbenzol III	Rohxylol { Xyl. Vorlauf }	→ Reinxylol
Rohbenzol IV	Rohlösungsbenzol I zur Wäsche		→ ger. Lösungsbenzol I → ger. Lösungsbenzol II
	Rohlösungsbenzol II zur Wäsche		→ Cumaronharz
			→ Handelsschwerbenzol

Reinigung der feineren Fraktionierung vorausgehen, da indessen die Leichtöle wie auch das Vorerzeugnis der Kokereien meist in solch geringen Reinheitsgraden angeliefert werden, daß sie nicht bloß die typischen Leichtölbestandteile, sondern auch noch schwere Steinkohlenteeröle in größerem oder geringerem Umfang enthalten, schickt man zweckmäßig vor der Behandlung mit Chemikalien eine Fraktionierung des Ausgangsmaterials voraus, welche die schweren Öle abtrennt und die Rohbenzole in 3 oder 4 Fraktionen zerlegt, welche die Hauptgruppen der Benzole in oberflächlicher Trennung als Roherzeugnisse enthalten. Diese „Rohbenzole" führt man dann der Wäsche zu und zerlegt sie bei der Redestillation in die gewünschten Endprodukte. Übersicht IV gibt z. B. das Schema einer derartigen Aufarbeitung, und zwar in einem Betriebe, welcher sowohl die Reinerzeugnisse als auch die gereinigten Handelsbenzole gewinnt.

Der Gang des Betriebes gestaltet sich dann etwa wie folgt: Das aus eigenen oder fremden Betrieben eingegangene Leichtöl wird in einem größeren

Das Leichtöl.

Lagerbehälter gesammelt und von hier je nach Bedarf in die, das Roherzeugnis verarbeitenden Blasen eingefüllt. Durch Betätigung der Heizschlangen beginnt man sodann zu destillieren, indem man als Rohbenzol I etwa alle — 100° siedenden Anteile, als Rohbenzol II die von 100—120° siedende Fraktion, als Rohbenzol III die von 120—170° übergehenden Destillate und den Rest — 200° siedend als Rohbenzol IV gesondert auffängt und in Lagerkesseln sammelt. Auch hier wird wie bei der Teerdestillation meist nicht mit eingesetzten Thermometern gearbeitet, sondern das laufende Destillat auf seinen Siedepunkt geprüft und auf die nächst höhere Fraktion „umgestellt", wenn die gewünschten Siedegrenzen überschritten werden. Sobald die Destillation infolge Steigens der Siedetemperatur des Blaseninhaltes durch die Dampfschlangen nicht mehr bewerkstelligt werden kann, sieht man sich genötigt, sie entweder durch Einblasen von geringen Mengen direkten Dampfes in die Blase weiter zu fördern oder unter Luftleere zu arbeiten. Behufs Anwendung des letzteren Verfahrens bedient man sich ähnlicher Einrichtungen wie bei der Teerdestillation (s. diese), d. h. man destilliert entweder in Wechselvorlagen oder auch unmittelbar in die Auffangekessel, wobei auch letztere unter Vakuum zu halten sind. Die Blasenrückstände werden nach beendeter Destillation in Rückstandskessel abgelassen und von diesen aus behufs weiterer Verarbeitung in die Öldestillation befördert.

Zweckmäßig werden auch die Rohfraktionen in größeren Zwischenbehältern gesammelt und von diesen aus die Wäscher nach Bedarf gefüllt. Die „Wäsche" beginnt mit dem Ausziehen der Phenole, welche erst entfernt werden müssen, bevor man die Basen durch verdünnte Schwefelsäure extrahiert. Diese Reihenfolge ist einzuhalten, da Phenole und Pyridinbasen ganz allgemein in den Teerölen Doppelverbindungen bilden, welche wohl durch Natronlauge, nicht aber durch verdünnte Säuren in ihre Komponenten gespalten werden. Man bestimmt zunächst in dem Wäscherinhalt den Gehalt an Phenolen (auch „saure Öle" genannt) und Basen, mißt die berechnete Lauge und verdünnte Schwefelsäure in Zulaufkästen, welche über den Wäschern angeordnet sind, ab, und läßt sie, nachdem das Rührwerk in Tätigkeit gesetzt ist, langsam zulaufen. Nach etwa halbstündigem Rühren überzeugt man sich von der Wirkung dieser Behandlung, zieht die „Phenolnatronlauge" sowie die „Pyridinschwefelsäure" in besondere Kessel ab und läßt sodann die phenol- und pyridinfreien Rohbenzole in die Säurewäscher ablaufen. In ähnlicher Weise werden in letzteren die Benzole mit konzentrierter Säure behandelt, worauf die letzten, zum Teil gelösten, zum Teil mechanisch anhaftenden Säurespuren durch Nachwaschen mit geringen Mengen Wasser und schließlich durch Abstumpfen mit Natronlauge oder Sodalösung entfernt werden. Die Prüfung, ob die Behandlung mit konzentrierter Säure ausreichend gewesen ist, kann nur in der Weise erfolgen, daß man eine Probe des Wäscherinhaltes im Laboratorium — unter Nachahmung des im Betrieb angewandten Verfahrens — mit Wasser und Lauge nachwäscht, hierauf abdestilliert und das Destillat auf sein Verhalten gegen reine konzentrierte Schwefelsäure prüft. Beim Schütteln mit letzterer unter später zu beschreibenden Bedingungen ergibt sich als „Reaktion" des Benzols ein Reinheitsgrad, der den Anforderungen des Handels entsprechen muß. Tut er dies in ungenügender Weise, ist durch die Fortsetzung der Wäsche mit weiteren Mengen Säure die Reaktion entsprechend zu verbessern.

Die so gereinigten Rohfraktionen werden nunmehr erneut destilliert, und es gelingt meist bei neuzeitlichen Einrichtungen, bei dieser zweiten Destillation unmittelbar zu den gewünschten Handelserzeugnissen zu gelangen. Unfertige Zwischenfraktionen ganz zu vermeiden, ist allerdings, wofern man auf Reinerzeugnisse arbeitet, kaum möglich. Man ist in diesem Falle gezwungen, die Halbfabrikate bis zu einer Blasenfüllung sich ansammeln zu lassen und sie erneut der Fraktionierung zu unterwerfen. Desgleichen werden die Blasenrückstände der Reindestillation einer erneuten Fraktionierung unterworfen, wobei oft eine wiederholte Wäche der hierbei gewonnenen Destillate erforderlich ist. Als Endergebnis des Betriebes entfallen hiernach die Handelsbenzole in Form „gereinigter" oder reiner Erzeugnisse neben öligen hochsiedenden Rückständen, welche nach erfolgter Aufarbeitung größtenteils in den rohen Ölen der Teerdestillation Verwendung finden können. Wie bereits kurz erwähnt, können bei bestimmten Fraktionen des Schwerbenzols die Blasenrückstände auch als feste, verwertbare Harze gewonnen werden.

e) Abfallerzeugnisse des Benzolbetriebes.

1. **Abfallsäure und Harz.** Die Schwefelsäure tritt bei der Benzolwäsche nur zum kleineren Teil in chemische Reaktion mit den Bestandteilen des Rohbenzols; in der Hauptsache wirkt sie vielmehr als Kontaktkörper, welcher sowohl Polymerisation, als auch Kondensation der ungesättigten Verbindungen einleitet und fördert. Es ist daher von jeher das Bestreben gewesen, diesen Teil der Säuren in verwertbarer Form wiederzugewinnen.

Man erhält die Abfallsäuren nach der Wäsche in Form einer dunklen, stark harzhaltigen, dickölige Flüssigkeit, welche behufs Abscheidung ihrer Verunreinigungen zunächst mit Wasser verdünnt wird. Hierbei fallen unter starker Erwärmung halbflüssige, dunkle Harze aus, während unveränderte Schwefelsäure in Form einer verdünnten, gelbrot gefärbten, durch Harzreste, Schwefelsäureester und Sulfonsäuren mäßig verunreinigten Untersäure erhalten wird.

Bei geeigneter Bemessung des Wasserzusatzes gelingt es, auf diese Weise eine etwa 50 prozentige Abfallsäure zu erhalten, welche man entweder unmittelbar oder nachdem sie durch längeres Stehen einen weiteren Teil ihrer Verunreinigungen abgeschieden hat, zum Ausziehen der Basen oder zur Gewinnung von Ammonsulfat verwenden kann. In beiden Fällen gelangen die in der Säure noch gelösten Harzreste und Sulfonsäuren in einer leicht abtrennbaren Form nachträglich zur Abscheidung.

Die oben erwähnten Säureharze (auch Brandharze genannt) gelangen auf vielen Anlagen ohne weiteres auf die Halde; es sind aber auch zahlreiche Vorschläge gemacht worden, sie nutzbringend zu verwerten:

Das Leichtöl. 67

In einfacher Weise können aus ihnen durch Destillation mit Wasserdampf in geringer Menge benzolhaltige, leicht flüssige Öle gewonnen werden, wobei die Hauptmasse des Harzes als schnell erhärtende, spröde Masse zurückbleibt. Diese ist mit Ausnahme von Pyridin in den üblichen Lösungsmitteln unlöslich. Beim Erhitzen bildet sie unter starkem Aufblähen und Entwicklung reichlicher Mengen schwefliger Säure einen leicht zerreiblichen Koks. Nach den Patenten der Deutsch-Luxemburgischen Bergwerks- und Hütten-Aktiengesellschaft und Dr. *Hilpert* (D. R. P. Nr. 341693) werden die bei dem Waschen vom Rohbenzol erhältlichen Säureharze benzollöslich, wenn man aus ersterem die leichtsiedenden Anteile (also offenbar Cyklopenstadien) durch Fraktionieren entfernt. Derartige Lösungen bilden nicht allein als solche leicht trocknende Lacke von guten Eigenschaften, sondern sie führen auch durch Zusatz zu Cumaronharzlösungen diese in gut trocknende Lacke über (D. R. P. Nr. 319010) und verbessern die nicht immer einwandfreien Eigenschaften der letzteren.

2. Cumaronharz. Die in der Fraktion 175—185° des Schwerbenzols auftretenden, ungesättigten Verbindungen, Cumaron und Inden, werden bei der Behandlung dieser Fraktionen schon mit sehr geringen Mengen konz. Schwefelsäure in der Weise polymerisiert, daß sie unter starker Erwärmung in mehr oder weniger feste, kolophoniumähnliche Harze übergehen, welche in dem mit Säure behandelten Benzol gelöst bleiben. Nach dem Abdestillieren des letzteren im Vakuum oder im Wasserdampfstrom hinterbleiben diese Harze als fester, jedoch unter 100° schmelzender, bisweilen auch als zähflüssiger oder klebriger Rückstand, welcher früher jahrzehntelang als schwer verwertbar mit anderen, öligen Rückständen der Teerdestillationen vermischt und verarbeitet wurde. Der Mangel an Harzen während des Krieges hat diesem unter der Bezeichnung Cumaronharz bekannten Erzeugnis eine ungeahnte Bedeutung und zeitweilig einen hohen Wert verliehen, so daß wenigstens während der Kriegsjahre seine Rationierung und Bewirtschaftung nötig wurde. Verwendet wurde und wird — wenn auch in sehr viel geringerem Maße als früher — das Cumaronharz als Ersatz für amerikanisches Fichtenharz, besonders in der Lackindustrie. Auch zum Leimen des Papiers ist es vorübergehend angewendet worden. Die sogenannten flüssigen Cumaronharze, welche in den meisten Fällen eine Lösung des festen Harzes in anderen, flüssigen, bei der Benzolwäsche gewonnenen Kondensationsprodukten darstellte, haben als Bindemittel bei der Herstellung der Buchdruckfarben eine nennenswerte Bedeutung erlangt. Während der Bewirtschaftung unterschied man nicht weniger denn 34 „Arten", welche nach ihrer Härte und Konsistenz sowie nach ihrem Helligkeitsgrad geordnet waren und bewertet wurden. Auch heute noch gelten fast durchweg die hellen und „überhellen" Marken für die wertvolleren Erzeugnisse, ebenso werden auch jetzt noch für die meisten Zwecke die „springharten" und hochschmelzenden Arten bevorzugt.

Zur Charakterisierung bestimmt man gewöhnlich den Erweichungspunkt nach *Kraemer-Sarnow* (wie beim Pech) und ermittelt durch Vergleich einer Benzollösung des betreffenden Harzes von bestimmter Konzentration mit

5*

einer Bichromatlösung von bestimmtem Gehalt den Helligkeitsgrad. Von den Vorschlägen, welche gemacht wurden, die bevorzugten, harten und hellen Arten zu erzeugen, seien kurz auf die D. R. P. Nr. 281432 (*M. Wendrinner*, Waschung des rohen Schwerbenzols unter Kühlung), ferner Patentanmeldung M. 60426[1] (Fa. *F. H. Meyer*, Waschung des rohen Schwerbenzols durch Einblasen eines mäßigen Luftstromes unter Vermeidung der Entwicklung von schwefliger Säure), ferner D. R. P. Nr. 253437 (*Knüpper*, Behandlung des geschmolzenen Harzes mit einem Luftstrom) und D. R. P. Nr. 325575 (*Rütgerswerke A.-G.*; Behandlung des Cumaronharzes mit Schwefelsäure) verwiesen.

3. Rohphenol und Rohpyridin. Diese beiden Nebenerzeugnisse der Benzolwäsche haben jederzeit einen solch hohen Wert gehabt, daß ihre Aufarbeitung und Reinigung lohnend erschienen. Ersteres wird meist in Form der sogen. Phenolnatronlauge, d. h. der Lauge, wie sie unmittelbar bei der Wäsche entfällt, an die eigene oder an fremde Carbolsäurefabriken (s. Carbolsäure) weitergegeben, während man das in Form seiner wässerigen, schwefelsauren Lösung entfallende Pyridin dem Ammoniak- und Pyridinbetrieb (s. diesen) zuführt.

f) Die Handelsbenzole.

1. Zusammensetzung. Die Benzolindustrie, welche anfangs als ein Teil der Teerdestillationsbetriebe auftrat, später aber, wie wir sahen, ihren Schwerpunkt innerhalb des Wirkungsbereiches der Kokereien erhielt, hat hinsichtlich der Art ihrer Handelserzeugnisse einen etwas ungewöhnlichen, aber charakteristischen Entwicklungsgang zu verzeichnen. In den ersten Jahrzehnten ihres Bestehens begnügte sie sich damit, die Benzole in Form von gereinigten (von den Begleitern befreiten) Gemischen aus Benzol und dessen Homologen in den Handel zu bringen, indem sie es der fast allein als Abnehmerin auftretenden Farbenindustrie überließ, sich die Einzelindividuen in der für sie erforderlichen Reinheit auf dem Wege der Fraktionierung darzustellen. Dies änderte sich später hinsichtlich der Hauptmenge des Toluols, welches in vielen Fällen als Reinpräparat auch an die Farbenfabriken abgegeben wurde. Dagegen ist beim Hauptprodukt, dem Benzol, im wesentlichen alles beim alten geblieben und noch heute bezieht die Farbenindustrie für ihre Zwecke das Benzol in Form des sogenannten gereinigten 90er Handelsbenzols, d. h. eines Gemisches von etwa 84 Teilen Benzol, 13 Teilen Toluol und 3 Teilen Xylol. Auch für andere Zwecke wurde diese allbekannte Marke — wenn auch vielleicht in etwas geringerer Reinheit — jahrzehntelang verwendet, bis vor etwa 10 Jahren diese Verhältnisse auf dem Benzolmarkt von Grund auf eine Änderung erfuhren. Die Farbenindustrie erscheint heute nur als kleinerer Abnehmer; die Hauptmenge des Benzols dient als Treibstoff für stationäre und bewegliche Motore und muß diesem Verwendungszweck in Form gereinigter, vor allem kältebeständiger Mischungen aus Benzol und seinen Homologen zugeführt werden. Die Einführung des Benzols als Treibstoff stieß — wenigstens in seiner Verwendung für Automobile — anfangs auf

---

[1] Versagt.

Das Leichtöl.

einige Schwierigkeiten, die aber verhältnismäßig bald überwunden wurden. Unter ihnen spielten die üblen Erfahrungen, welche man bei tiefen Außentemperaturen mit dem Erstarren des Brennstoffes machte, keine geringe Rolle. Nur das Benzol krystallisiert bei Winterkälte aus (Smp. des reinen Körpers $+ 5{,}4°$), erniedrigt seinen Erstarrungspunkt aber beträchtlich bei Zusatz von Toluol und den höheren Homologen. Derartige Mischungen mit hoher Kältebeständigkeit kommen unter Namen wie „Autobenzol", „Winterbenzol" u. dergl. in den Handelsverkehr. Neben diesen Motorenbenzolen erfordert die Extraktions-, Kautschuk- und Lackindustrie erhebliche Mengen von Reinbenzol, das sich inzwischen auch in der chemischen Industrie als Ausgangsmaterial für verschiedene Präparate eingeführt hat. Die Xylole und Trimethylbenzole (Cumole) werden, wie schon kurz angedeutet, soweit sie nicht in den Motorenbenzolen Aufnahme finden, für Lösezwecke in Form zweier, durch Siedepunkt und Reinheitsgrad unterschiedener Handelsmarken, des Lösungsbenzols I u. II und des Schwerbenzols in den Verkehr gebracht.

So stellen die Handelsbenzole zur Zeit eine ziemlich bunte Musterkarte von Erzeugnissen dar, welche sich mehr als früher den Einzelzwecken der Verbraucher anpassen und, deren Interesse berücksichtigend, auch gelegentlich in ihrer Zusammensetzung kleinere Abänderungen erfahren.

Mit Ausnahme des Schwerbenzols sind sämtliche Handelsbenzole gereinigte Erzeugnisse, d. h. praktisch frei von allen störenden Benzolbegleitern. Nur bezüglich des Lösungsbenzols II gilt das im eingeschränkten Sinne, insofern hier in der Hauptsache nur die begleitenden ungesättigten Verbindungen Cumaron und Inden entfernt worden sind. Die prozentuale Zusammensetzung der Handelsbenzole läßt sich nur ungenau, im strengen Sinne überhaupt nicht, auf analytischem Wege ermitteln. Synthetisch, d. h. durch Mischung aus den

Übersicht V. Zusammensetzung der Handelsbenzole.

Bezeichnung	Siedegrenzen in Graden	enthält etwa						
		Benzol %	Toluol %	Xylol %[1]	Cumol %[2]	Tetramethylbenzole %[3]	Naphthalin %	Ungesättigte Verbindungen %[4]
Gereinigtes 90% Handelsbenzol	80—100	84	13	3	—	—	—	—
Gereinigtes Toluol	100—120	15	75	10	—	—	—	—
Gereinigtes Lösungsbenzol I	120—160	—	20	62	18	—	—	—
Gereinigtes Lösungsbenzol II	135—180	—	10	24	66	—	—	—
Handelsschwerbenzol. . .	160—200	—	—	3	24	18	5	50

[1] Gemisch der drei Isomeren.
[2] Gemisch der im Teer enthaltenen Trimethylbenzole, insbesondere Pseudocumol, Mesithylen.
[3] Einzelindividuen mit Ausnahme des 1, 2, 4, 5 Durols unbekannt.
[4] In der Hauptsache Cumaron, Inden und deren Homologen.

Der Steinkohlenteer.

Übersicht VI. Typen

Bezeichnung	Siedegrenze in Graden C	Farbe
90er Rohbenzol	Vom Siedebeginn bis 100° müssen 90 bis 93% übergehen.	
Gereinigtes 90er Benzol	Vom Siedebeginn bis 100° müssen 90 bis 93% übergehen.	wasserhell
Farbenbenzol	Vom Siedebeginn bis 100° müssen 90 bis 93% übergehen.	,,
Gereinigtes 50er Benzol	50—55% müssen bis 100° mindestens 90% bis 120° übergehen.	,,
Motorenbenzol I	bestehend aus 75—85% ger. 90er Benzol + 15—25% ger. Toluol	
Motorenbenzol II	bestehend aus 75—85% ger. 90er Benzol + 15—25% ger. Lösungsbenzol I	
Motorenbenzol III	bestehend aus 75% ger. 90er Benzol + 10% ger. Toluol + 10% ger. Lösungsbenzol I + 5% ger. Lösungsbenzol II oder I	
Reinbenzol	Vom Siedebeginn an müssen übergehen { 90% innerhalb 0,6°, 95% innerhalb 0,8°	wasserhell
Rohtoluol	Siedebeginn nicht unter 100°, bis 120° müssen mindestens 90% übergehen	
Gereinigtes Toluol	Siedebeginn nicht unter 100°, bis 120° müssen mindestens 90% übergehen	wasserhell
Reintoluol	Vom Siedebeginn an müssen übergehen { 90% innerhalb 0,6°, 95% innerhalb 0,8°	wasserhell
Rohxylol	Siedebeginn nicht unter 120°, bis 150° müssen mindestens 90% übergehen	wasserhell bis gelblich
Gereinigtes Xylol	Siedebeginn nicht unter 120°, bis 145° müssen mindestens 90% übergehen	wasserhell
Reinxylol	Vom Siedebeginn an müssen übergehen { 90% innerhalb 3,6°, 95% innerhalb 4,5°	,,
Rohes Lösungsbenzol	Siedebeginn nicht unter 120°, bis 180° müssen mindestens 90% übergehen	
Rohes Lösungsbenzol I	Siedebeginn nicht unter 120°, bis 160° müssen mindestens 90% übergehen	wasserhell bis gelb
Rohes Lösungsbenzol II	Siedebeginn nicht unter 135°, bis 180° müssen mindestens 90% übergehen	,, ,, ,,
Gereinigtes Lösungsbenzol I	Siedebeginn nicht unter 120°, bis 160° müssen mindestens 90% übergehen	wasserhell bis schwach gelblich
Gereinigtes Lösungsbenzol III	Siedebeginn nicht unter 135°, bis 180° müssen mindestens 90% übergehen	,, ,,
Schwerbenzol	Siedebeginn nicht unter 160°, bis 200° müssen mindestens 90% übergehen	gelblich

Das Leichtöl.

der Handelsbenzole.

Schwefelsäure, Reaktion höchstens	Spez. Gewicht 15° C	Bemerkungen	
	Spez. Gewicht 0,86—0,88		
1,5	,, ,, etwa 0,88	Reaktion soll neutral sein. Bromverbrauch höchstens 0,8	
0,5	,, ,, ,, 0,88	,, ,, 0,4	Die Zahlen für den Bromverbrauch bedeuten: Gramme Brom für 100 ccm Benzol bei 5 Minuten langem Schütteln und 5 Minuten langem Stehenlassen.
1,5	,, ,, ,, 0,88	,, ,, 0,8	
0,3	Spez. Gewicht etwa 0,88, keine Gewähr für den Erstarrungsp.	Bromverbrauch höchstens 0,5	
0,5	Spez. Gewicht etwa 0,87	Bromverbrauch höchstens 0,8	
0,3	,, ,, ,, 0,87	,, ,, 0,8	
3,0	Spez. Gewicht etwa 0,86 lichtbeständig		
2,0	Spez. Gewicht etwa 0,86	Bromverbrauch höchstens 2,5	
3,0 Ausscheidung braungelber, harzartiger Massen gestattet.	Spez. Gewicht etwa 0,87 lichtbeständig schwacher und milder Geruch Spez. Gewicht etwa 0,89 od. höher, nicht ganz lichtbest. milder, nicht rohteeröliger Geruch	Technisch frei von Phenolen und Basen, milder Geruch Geringe Verunreinigungen durch Phenole und Basen sind zulässig. Nicht mit konzentrierter Schwefelsäure gewaschen.	

reinen Bestandteilen, und Vergleich der so erhaltenen Mischungen mit den natürlichen Fraktionen, kann man indessen einen Schluß auf die Zusammensetzung der letzteren ziehen und gelangt hierbei zu Ergebnissen, welche in Übersicht V zusammengestellt wurden. Die Anforderungen an die Beschaffenheit der Handelsbenzole sowie deren analytisch zu ermittelnden Konstanten finden sich in Übersicht VI zusammengestellt.

g) Verwendungszwecke und Statistik.

Die Verwendung der Benzole in der chemischen Industrie, (Farbstoffe, pharmazeutische u. a. Präparate) für Extraktionen und Lösezwecke, sowie als Treibstoffe für Motoren, wurde bereits oben erwähnt, wobei sich, wie nochmals zusammenfassend hervorgehoben werden mag, im letzten Jahrzehnt eine sehr beträchtliche Ausdehnung des Verwendungsbereiches einerseits und eine Verschiebung des Verbrauchs zugunsten aller motorischen Zwecke andererseits ergab. Die Verarbeitung des Benzols in der chemischen Industrie, die sich übrigens lediglich auf Benzol und Toluol erstreckt, dürfte kaum mehr eine Steigerung erfahren können, im Gegenteil ist, wenigstens in Deutschland, infolge gewisser wirtschaftlicher Schwierigkeiten in den letzten Jahren eine merkliche Verminderung der hierfür verwendeten Mengen eingetreten; dagegen ist die Anwendung der Benzole (selbst der höheren Homologen), für motorische Zwecke vorläufig unbegrenzt erweiterungsfähig, und man darf behaupten, daß besonders infolge dieses Umstandes die Erzeugung und der Handelsverkehr mit Benzol in den letzten Jahren sich mehr und mehr als einer der wichtigsten Faktoren der deutschen Volkswirtschaft erwiesen haben. Der Wert dieser Energiequelle und infolgedessen die starke Nachfrage nach diesen Erzeugnissen hat, allerdings in Verbindung mit den die erzeugte Menge vermindernden Zwangsablieferungen nach dem Auslande, seit Jahren im Handelsverkehr einen empfindlichen Mangel an Benzol bewirkt, dem durch weitere Steigerung der Gewinnung leider nur recht langsam abgeholfen werden kann. Daß andererseits wie in früheren Jahren, einmal eine unliebsame Übererzeugung eintreten könnte, ist jedenfalls in absehbarer Zeit nicht zu erwarten. Die in Übersicht VII zusammengestellte Erzeugungsmenge der Haupttypen des deutschen Benzolhandels zeigen eine auffallende, durch den wesentlich gesteigerten

Übersicht VII. Deutsche Benzolerzeugung in runden Zahlen.

Jahr	90% Handelsbenzol t	Toluol ger. und rein t	Lösungsbenzol I und II t
1913	120 000	13 000	15 000
1914	115 000	13 000	20 000
1915	112 000	32 000	12 000
1916	165 000	49 000	35 000
1917	155 000	43 000	32 000
1918	155 000	42 000	39 000
1919	100 000	15 000	15 000
1920	119 000	15 000	20 000

Bedarf bedingte Erhöhung in den Kriegsjahren, worauf nach Beendigung des Krieges ein jähes Absinken unter den Stand der Erzeugung der Vorkriegszeit folgte.

Dieser wird erst im Jahre 1920 wieder erreicht und in den darauf folgenden Jahren zweifellos überschritten werden. Bemerkenswert ist die Steigerung der Toluolerzeugung im Kriege, welche nicht etwa auf eine Änderung in der Ausbeute bei der Verkokung zurückzuführen ist, sondern ihren Grund in den zu dieser Zeit gewaltig gestiegenen Anforderungen an die Mengen des zu Sprengstoffen (Trinitrotoluol) verarbeiteten Präparates hatte. Diese starken Ansprüche im militärischen Interesse führten zu der (zwangsweise durchgeführten) Maßregel, das gesamte 90% Handelsbenzol, wie auch das Lösungsbenzol zu enttoluolen. Die vom Toluol auf dem Wege der Fraktionierung befreiten Handelsbenzole gelangten dann — meist in Form kältebeständiger Mischungen — fast ausschließlich für motorische Zwecke zur Verwendung. Die chemische Verarbeitung des Benzols erstreckte sich damals höchstens auf die Gewinnung explosiver für Munitionszwecke geeigneter Verbindungen.

h) Analyse des Leichtöls und der Benzole.

1. Leichtöl. Um die Beschaffenheit und — innerhalb gewisser Grenzen — die Zusammensetzung eines Leichtöls beurteilen zu können, begnügt man sich — wie bei den meisten rohen Teerölen — mit der Bestimmung des spezifischen Gewichtes, des Siedepunktes und des Gehaltes an Phenolen und Basen. Das spezifische Gewicht wird am einfachsten durch die *Mohr*sche oder *Westphal*sche Wage ermittelt und gewöhnlich in der bei 15° bestimmten Höhe angegeben.

Die Feststellung des Siedepunktes erfolgt in der gleichen Weise wie bei den Handelsbenzolen (s. diese). Da bei der Destillation die zuletzt übergehenden Anteile beim Abkühlen stark Naphthalin ausscheiden, werden diese Fraktionen nur soweit gekühlt, daß sie mit einer Temperatur von etwa 60—70° ablaufen. Man erreicht dies leicht, wenn man bei stark steigendem Thermometer das Kühlwasser des *Liebig*schen Kühlers abstellt oder besser ganz aus dem Kühlmantel entfernt. Um den Gehalt an Phenolen und Basen zu bestimmen, vereinigt man zweckmäßig alle, bei der Ermittlung des Siedepunktes gewonnenen Destillate und schüttelt sie in einem graduierten, geschlossenen Zylinder mit 150 ccm Natronlauge vom spezifischen Gewicht 1,1 fünf Minuten lang kräftig durch. Nach dem Absitzen wird die Volumenzunahme der Lauge ermittelt und als Phenolgehalt in Rechnung gestellt. Für genauere Bestimmungen trennt man die so gewonnene Phenolatlauge von dem obenaufschwimmenden Öl, erwärmt sie in einer Porzellanschale auf dem Wasserbade so lange, bis eine Probe sich in Wasser völlig klar löst, und fällt hierauf die Phenole durch Neutralisation mit Schwefelsäure von 60° Bé. aus. Die Menge der so gewonnenen Phenole in Kubikzentimetern ist gewöhnlich etwas geringer als die durch Volumenzunahme bestimmte. Das Mittel aus beiden Bestimmungen kann als die der Wirklichkeit am besten entsprechende Gehaltszahl angesehen werden.

Um den Basengehalt festzustellen, schüttelt man die bei der Phenolbestimmung erhaltenen, phenolfreien Öle mit 30 ccm Schwefelsäure von 30% in einem graduierten Zylinder gleichfalls 5 Minuten kräftig durch und liest auch hier die Volumenzunahme der Säure als Prozentgehalt an Basen unmittelbar ab. Auch hier kann für genauere Analysen die basenhaltige Säure auf dem Wasserbade klargedampft werden, worauf man durch Ausfällen mit konzentriertem Salmiakgeist die Basen in Substanz abscheidet. Berechnung wie bei den Phenolen. Der Gehalt an ,,Denatuierungsbasen'' (die bis etwa 160° siedenden Pyridine) läßt sich auch dadurch ermitteln, daß man die mit Natronlauge übersättigte, basenhaltige Säure zur Destillation bringt, das Destillat (etwa 50 ccm) mit absolutem Alkohol auf 200 ccm auffüllt und 10 ccm dieser Lösung mit 50 ccm Alkohol und 2 ccm konzentrierter Kadmiumchloridlösung versetzt. Nach 24 stündigem Stehen werden die ausgeschiedenen Krystalle des $CdCl_2$-Doppelsalzes auf einem tarierten Filter gesammelt, bei 100° getrocknet und gewogen; 100 Teile des getrockneten Salzes entsprechen 46 Teilen Pyridin.

Schon aus dem Verlauf des Siedepunktes vermag man einen gewissen Schluß auf den für die Bewertung des Leichtöls wichtigen Benzolgehalt des letzteren zu ziehen. Hierbei gelten die bis 120° übergehenden Anteile als ,,Anilinbenzol'' (d. h. abzüglich eines gewissen in der Reinigung verloren gehenden Prozentsatzes). Sie wurden früher häufig noch dadurch mit größerer Genauigkeit ermittelt, daß man die kupferne Siedepunktsblase mit einer kleinen Glasperlkolonne ausrüstete und so den ,,Siedepunkt mit Kolonne'' bestimmte. Besser, als nach diesem etwas primitiven Verfahren wird der Gehalt des Leichtöles an gereinigten Handelsbenzolen, das ,,Ausbringen'' an diesen nach der später (unter 3) beschriebenen Waschmethode ermittelt, auf welche hier verwiesen werden mag.

1. **Handelsbenzole.** Die technische Chemie hat zur Untersuchung der Handelsbenzole im Laufe der Zeit mehrere verhältnismäßig einfache Verfahren ausgebildet, welche für die Bewertung der Erzeugnisse mit genügender Sicherheit verwendet werden können und die Grundlage für den kaufmännischen Verkehr mit ihnen abgeben. Man beschränkt sich im allgemeinen darauf, die Siedegrenzen und den durch den Gehalt an ungesättigten Verbindungen gekennzeichneten Reinheitsgrad festzulegen. Ersteres geschieht durch Ausführung einer Probedestillation mit vereinbarten Mengen und unter bestimmten, genau festgelegten Bedingungen. Den Reinheitsgrad der Benzole ermittelt man durch Untersuchung ihres Verhaltens gegen gewisse Reagentien, insbesondere gegen Brom und konzentrierte Schwefelsäure und spricht in diesem Sinne auch von der ,,Reaktion'' der Handelsbenzole. Neben diesen beiden fast ausschließlich angewandten Untersuchungsverfahren werden bisweilen auch spezifisches Gewicht, sowie in Spezialfällen der Gehalt an Schwefelverbindungen und Paraffinen bestimmt. Eine Analyse der Handelsbenzole zwecks Ermittlung ihres Gehaltes an den reinen Verbindungen ist nur unvollkommen und nur innerhalb gewisser durch Vereinbarung gezogener Grenzen möglich.

Das Leichtöl.

Siedepunktsbestimmung (siehe Abb. 18a und b).

Es ist allgemein üblich, wenn auch nicht ganz korrekt, bei den Handelsbenzolen von der Ermittelung des „Siedepunktes" zu sprechen, obwohl diese Bestimmung sich in den meisten Fällen auf die Festlegung des mehr oder weniger großen Temperaturintervalls erstreckt, innerhalb welchem die Benzole übergehen. Die vielerlei Unklarheiten und die Mannigfaltigkeit der verwendeten Apparate haben bei Ausführung dieser Bestimmung in früheren Zeiten im Handelsverkehr viel Verwirrung und Mißverständnisse geschaffen. Nach den grundlegenden Arbeiten *Bannows*[1] und der allgemeinen Einführung der geschlossenen Kupferblase als Siedegefäß, wird die Untersuchung jetzt allgemein wie folgt ausgeführt:

1. Das Siedegefäß besteht aus einer kugelförmigen Blase von etwa 150 ccm Inhalt, aus 0,6—0,7 mm

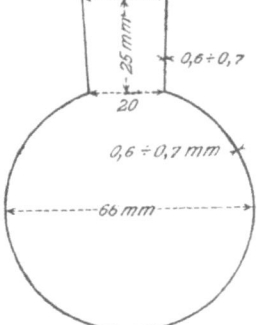

Fig. 18a.

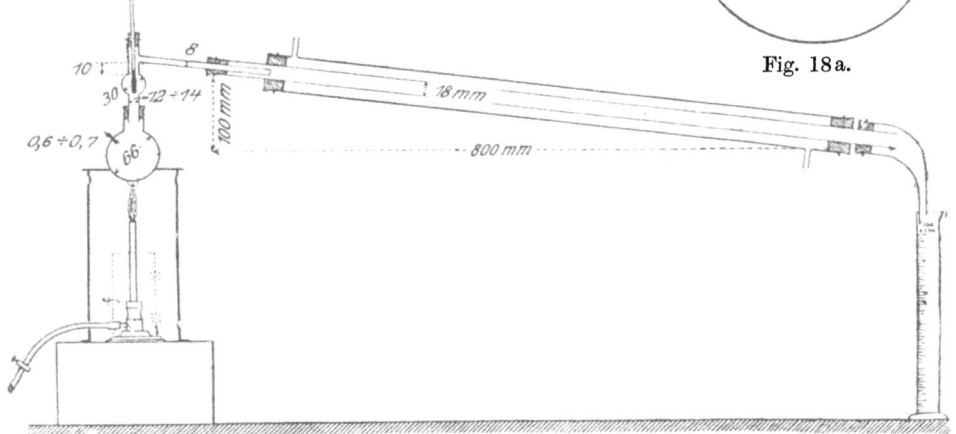

Fig. 18b. Apparat zur Siedepunktbestimmung (nach *Muspratt*, Steinkohlenteer).

starkem Kupferblech gefertigt. Der Durchmesser beträgt etwa 66 mm. Der Stutzen zur Aufnahme des Siederohres ist 25 mm lang, unten 20 mm, oben 22 mm weit.

2. Das gläserne Siederohr von etwa 14 mm lichter Weite und 150 mm Länge ist in der Mitte kugelförmig erweitert. Das Ansatzrohr von 8 mm lichter Weite ist 10 mm über der Kugel nahezu rechtwinklig angeschmolzen und soll eine Länge von 12 cm haben.

3. Die Blase steht auf einer Asbestplatte mit einem kreisförmigen Ausschnitt von 50 mm Durchmesser. Der Ofen ist 10 mm vom oberen Rande mit 4 runden Öffnungen zum Austritt der Verbrennungsgase versehen. Zum Er-

---

[1] Chem. Industrie 1886. S. 32.

hitzen dient ein einfacher Bunsenbrenner von 7 mm Öffnung, dessen Flamme bei jeder Hahnstellung rein blau brennen muß.

4. Der anzuwendende *Liebig*sche Kühler hat eine Länge von 800 mm und ist so geneigt, daß der Ausfluß sich 100 mm tiefer befindet als der Eingang.

5. Die Füllung besteht aus 100 ccm. Die Destillation ist so zu leiten, daß in der Minute 5 ccm übergehen (also in der Sekunde etwa 2 Tropfen). Sie wird gewöhnlich fortgesetzt, bis das vorgelegte Meßgefäß bis zur Marke 90 oder 95 gefüllt ist.

6. Das Thermometer soll dünn im Glase sein; der äußere Durchmesser darf nicht mehr als der halbe Durchmesser des Siederohres betragen. Es ist so anzubringen, daß das Quecksilbergefäß sich in der Mitte der Kugel des Siederohres befindet.

(Für Reinbenzol und Reintoluol sind in $^1/_{10}°$ C geteilte Thermometer anzuwenden, für 90er Handelsbenzol und gereinigtes Toluol in $^1/_2°$ C geteilte.)

Als Thermometer wird meist ein solches angewendet werden, dessen Skala sich mittels einer Schraube verstellen läßt; es wird jedesmal vor dem Versuche durch vorschriftsmäßiges Destillieren von destilliertem Wasser in dem Augenblick auf den 100°-Punkt eingestellt, wo 60 ccm überdestilliert sind. Bei einem so eingestellten Thermometer liegt der Siedepunkt von reinem Benzol bei 80°, der von reinem Toluol bei 110°, wobei der Barometerstand gleichgültig ist, sofern er sich während des Versuches nicht geändert hat; oder man benutzt ein gewöhnliches Thermometer, dessen Skala mit der eines reichsamtlich geprüften Normalthermometers genau verglichen ist. Im letzteren Falle ist für den jeweiligen Barometerstand eine Berichtigung des Siedepunktes der Probe nötig, welche sich nach *Lenders* folgendermaßen gestaltet:

1. Zu den bei 100° C bei einem Barometerstande zwischen 720 und 780 mm erhaltenen Destillationsprozenten sind, um diese auf 760 mm zu reduzieren, für jeden Millimeter

bei gereinigtem Toluol = 0,077%,
bei 90er Benzol = 0,033%

zu- oder abzuzählen.

2. Bei einer Destillation zwischen 720 und 780 mm Barometerstand muß man zu 100° C für jedes Millimeter

bei gereinigtem Toluol = 0,0461° C,
bei 90er Benzol = 0,0453° C

zu- oder abzählen, um die richtige Temperatur zu bekommen, die dem normalen Barometerstand von 760 mm entspricht.

Als Beginn des Siedepunktes, d. h. des Augenblickes, in welchem die erste Ablesung des Thermometers erfolgt, muß erfahrungsgemäß derjenige Zeitpunkt angesehen werden, in welchem der erste Tropfen aus dem Kühlrohr in den Vorstoß fällt. Als Schluß des Siedepunktes kann natürlich die Erreichung eines jeden vereinbarten Temperaturgrades oder einer vereinbarten Destillationsmenge angesehen werden. Es ist im allgemeinen üblich, zwecks Ver-

Das Leichtöl. 77

meidung von Fehlern infolge Überhitzung den Siedepunkt nur bis zum Überdestillieren von 90% der Füllung fortzusetzen; nur bei Reinprodukten bestimmt man auch diejenige Temperatur, bei welcher 95%, in sehr seltenen Fällen auch 98%, übergegangen sind. Ist die bei einer bestimmten Temperatur übergegangene Menge zu ermitteln, so ist diese — was schon logisch aus der Versuchsanordnung gefolgert werden kann — genau dann im vorgelegten Zylinder abzulesen, wenn die betreffende Temperatur erreicht ist. Keinesfalls darf — wie man hier und da angenommen hat — das aus dem Kühlrohr „Nachlaufende" der im Zylinder bei der fraglichen Temperatur erreichten Menge hinzugerechnet werden.

Ermittlung des Reinheitsgrades der Benzole.

Die den Reinheitsgrad charakterisierende „Reaktion" der Benzole wird, wie bereits kurz erwähnt, durch ihr Verhalten gegen Brom und konzentrierte Schwefelsäure bestimmt. Die Wirkung des ersteren erhellt ohne weiteres aus seiner Fähigkeit, sich an die Doppelbindungen der die Benzole begleitenden, ungesättigten Verbindungen anzulagern. Von der Schwefelsäure kennt man nur rein erfahrungsgemäß deren Eigenschaft, beim Schütteln mit den Handelsbenzolen sich um so stärker gelb bis rotbraun zu färben, je größer deren Gehalt an ungesättigten Benzolbegleitern ist, d. h. je unreiner sie sind. Trotzdem stellt die Schwefelsäurereaktion ein scharfes Kriterium für den Reinheitsgrad der Erzeugnisse dar und gelangt in der Praxis weitaus am meisten zur Anwendung.

Die Bromreaktion wird wie folgt ausgeführt:

5 ccm der Probe bringt man mittels Pipette in ein Stöpselglas von etwa 50 ccm Inhalt; dazu fügt man 10 ccm verdünnte Schwefelsäure (20 prozentige) und läßt aus einer Bürette schnell so viel $^n/_{10}$-Kaliumbromat-Kaliumbromidlösung (= 9,9167 g KBr + 2,7833 g $KBrO_3$ im Liter) zufließen, wie nach 5 Minuten langem, ununterbrochenen Schütteln von der Probe verbraucht werden. Der Endpunkt der Reaktion ist erreicht, sobald das aufschwimmende Öl nach 5 Minuten langem Stehen orangerot gefärbt ist und ein Tropfen desselben, auf frisch bereitetes, angefeuchtetes Jodzinkstärkepapier getupft, sofort dunkelblaue Färbung gibt.

Der Verbrauch an Brom — 1 ccm der $^n/_{10}$-Lösung entspricht 0,008 g Br — ist direkt anzugeben.

Um zuverlässige Resultate zu bekommen, macht man zweckmäßig eine Vorprobe, wodurch man die Anzahl der zu verbrauchenden Kubikzentimeter Bromlösung annähernd ermittelt. Aus den beiden folgenden, genauen Bestimmungen zieht man dann das Mittel und berechnet daraus den Bromverbrauch.

Die Bromreaktion versagt infolge des substituierenden Einflusses des Halogens bei den höheren Homologen. Um noch beim Toluol und Xylol einigermaßen zuverlässige Ergebnisse zu erhalten, ist in diesen Fällen und noch mehr bei den höheren Homologen das Stehenlassen der Probe nach erfolgter Durchschüttelung mit der Bromlösung auf $^1/_2$ Minute abzukürzen, sowie das hellere Tageslicht auszuschließen. Das früher bisweilen verwendete, gesättigte Bromwasser ist wegen der leichten Veränderung seines Titers nicht anwendbar. Zuverlässiger als die Bromreaktion und auch für die höheren Homologen anwendbar ist die Schwefelsäureprobe, welche wie folgt ausgeführt wird:

„5,0 ccm konzentrierte Schwefelsäure werden mit 5 ccm der Probe in einem 15 ccm fassenden Präparatenfläschchen 5 Minuten lang kräftig geschüttelt und nach 1—2 Minuten langem Stehen mit einer Lösung von Kaliumbichromat in 50 proz. reiner Schwefelsäure verglichen, die sich in einer gleichen Flasche in gleicher Menge wie die Schwefelsäure der Probe befindet und ihrerseits mit 5 ccm reinsten Benzols überschichtet ist.

Der Farbenton der als Typen dienenden Lösungen ist längere Zeit haltbar, dagegen ist die Überschichtung mit Reinbenzol für jeden Vergleich von neuem vorzunehmen."

Die sulfurierende Wirkung der Schwefelsäure gibt bei der Prüfung der höher siedenden Lösungsbenzole der Reaktion eine gewisse Unsicherheit. Ungewaschene Benzole wie z. B. Schwerbenzol, geben außerdem oft Abscheidungen halbfester, rotbrauner Harzmassen, was in diesen Fällen die Anwendung der Reaktion überhaupt nicht angezeigt erscheinen läßt.

Gehalt an Reinbenzolen.

Verhältnismäßig geringe Bedeutung hat die Untersuchung der Handelsbenzole auf ihren Gehalt an Reinerzeugnissen, welche sich auf dem Wege der fraktionierten Destillation innerhalb gewisser, durch die Unvollkommenheit der im Laboratorium verwendeten Fraktioniereinrichtungen bedingter Grenzen ermitteln läßt:

Zur Ausführung der Analyse destilliert man 1 kg des betr. Handelsbenzols aus einer geschlossenen Kupferblase unter Anwendung einer Le Bell-Henningerschen 6 Kugelkolonne von 60 cm Länge langsam (Geschwindigkeit des Tropfenfalles wie bei der Siedepunkt-Bestimmung) über und fängt folgende Fraktionen auf:

Bei 90% Benzol und gereinigtem Toluol	Vorlauf	—79°
	Benzol	79—85°
	Zwischenfraktion	85—105°
	Toluol	105—115°
	Xylolhaltiger Nachlauf	115—120°
	Xylol	Rest
Bei Reinbenzol	Vorlauf	—79°
	Benzol	79—81°
	Toluolhaltiger Nachlauf	über 81°
Bei Reintoluol	Vorlauf	—109°
	Toluol	109—110,5°
	Xylolhaltiger Nachlauf	über 110,5°
Bei Reinxylol	Vorlauf	—135°
	p-Xylolfraktion	135—137°
	m- „	137—140°
	o- „	140—145°
	Cumolhaltiger Nachlauf	über 145°

Das Leichtöl. 79

Es leuchtet ein, daß auf diesem Wege nicht völlig befriedigende Ergebnisse zu erhalten sind, doch ist das Verfahren für Vergleichszwecke immerhin gut brauchbar.

Spezifisches Gewicht.

Die Bestimmung erfolgt mit Hilfe der *Westphal*schen oder *Mohr*schen Wage; in vielen Fällen auch durch feinere mit einem Normalinstrument verglichene Spindeln.

Schwefelverbindungen.

Der Gehalt des Benzols an Schwefel wird durch die Anwesenheit von Schwefelkohlenstoff und von Thiophen bedingt. Im Toluol und den höheren Homologen kann ersterer selbstverständlich nicht mehr gefunden werden, dagegen treten homologe Thiophene in ihnen auf. Zur Bestimmung des Gesamtschwefels bedient man sich zweckmäßig des von *Hempel* und *Graefe*[1] für Öle aller Art vorgeschlagenen, später von *Markusson*[2] noch etwas modifizierten Verfahrens und arbeitet wie folgt:

Zum Abwiegen des Benzols dient ein kleines, 1—2 cm langes, unten zugeschmolzenes Glasröhrchen. Das Röhrchen wird lose mit Watte gefüllt und mit einem Paraffindeckel, der aus einer dünnen Paraffinscheibe besteht, geschlossen, dann gewogen, das Benzol usw. nach Abheben des Paraffindeckels eingeträufelt, das Gläschen rasch geschlossen und wieder gewogen.

Als Verbrennungsgefäß dient eine starkwandige Glasflasche von 8 bis 10 Liter Inhalt. Das Substanzröhrchen wird in einen mit Watte ausgepolsterten Platinkonus oder in ein nestförmiges Platinnetzchen gelegt. Das Platinnetz ist an einem 2 bis 3 mm starken, mit einer Schleife versehenen Kupferdraht befestigt. Das andere Ende des Kupferdrahtes geht durch einen Gummistopfen, der dicht in den Hals der Verbrennungsflasche eingesetzt werden kann und der mit einer Asbestscheibe gegen Anbrennen geschützt ist. Der Kupferdraht soll etwas über die Mitte in die Glasflasche hineinreichen.

Die zur Verbrennung dienende, etwa 8 bis 10 Liter fassende Glasflasche, wird auf bekannte Weise mit Sauerstoff gefüllt. Dann werden 100 ccm schwefelfreie 10% Natronlauge eingegossen, worauf man die Flasche mit einem Kork verschließt. Man legt nun das Substanzröhrchen in das mit Watte ausgelegte Platinnetz mit dem Paraffindeckel nach unten, überdeckt es mit einer dünnen Schicht Watte, befestigt es in der Schleife des Kupferdrahtes und legt einen Zwirnfaden um, den man in einigen um den Kupferdraht gelegten Spiralen bis zum Gummistopfen führt. Hierauf entfernt man den Korken von der Verbrennungsflasche, führt rasch den Kupferdraht ein, zündet das obere Ende des Zwirnfadens an und drückt den Gummistopfen mit beiden Händen fest in den Hals der Flasche. Wegen des entstehenden Druckes muß man während der etwa $1/2$ Minute dauernden Verbrennung den Stopfen festhalten. Zur Sicherheit kann man ein Drahtnetz um die Flasche stellen; doch sind

---

[1] Zeitschr. f. angew. Chem. 1892, S. 293 und 1904, S. 616.
[2] Chem.-Ztg. 1910, S. 417.

Explosionen sehr selten, vor allem, wenn man bei leichtflüchtigen Körpern nicht mehr als 0,2 g einwiegt. Nach 1 stündigem Stehen gießt man den Inhalt der Flasche in ein Becherglas, spült gründlich nach und oxydiert durch Zugabe von 6—8 Tropfen Brom. Das überschüssige Brom wird durch 1 stündiges Erhitzen auf dem Wasserbade entfernt, die Lösung dann mit schwefelfreier Salzsäure angesäuert, von Ruß und etwaigen Glassplitterchen durch Filtrieren befreit, worauf man in der sauren Lösung die Schwefelsäure in bekannter Weise durch Fällen mit Chlorbarium in der Siedehitze bestimmt.

Zwecks Bestimmung des Schwefelkohlenstoffs im Benzol werden 50 g von diesem mit 50 g alkoholischer Kalilauge (hergestellt durch Lösen von 11 g Kalihydrat in 90 g absolutem Alkohol) gemischt und einige Stunden der Einwirkung bei Zimmertemperatur überlassen. Dann werden etwa 100 ccm Wasser zugesetzt, wobei sich nach einigem Schütteln die wässerige Lauge vom Benzol trennt; letzteres wird noch einige Male mit Wasser gewaschen. Die wässerigen Flüssigkeiten werden vereinigt. Das aus dem Schwefelkohlenstoff entstandene Kaliumxanthogenat wird in der Lösung oder einem aliquoten Teil derselben durch Titrieren mit einer Kupferlösung bestimmt, die 12,475 g kristallisiertes Kupfersulfat im Liter enthält, und von der 1 ccm 0,0075 g CS_2 anzeigt. Es wird zu diesem Zwecke mit Essigsäure neutralisiert und so lange Kupferlösung zugesetzt, bis ein mit dem Glasstabe herausgenommener Tropfen, auf Filtrierpapier gebracht, mit einem daneben gebrachten Tropfen Ferrocyankaliumlösung eine rote Färbung an der Berührungsstelle entstehen läßt. Der Endpunkt der Reaktion läßt sich auch schon annähernd daran erkennen, daß der entstandene, anfangs fein verteilte Niederschlag von Kupferxanthogenat sich zusammenballt. Die angegebene Menge Kalilauge reicht bis zu einem Gehalt von 5% CS_2 im Benzol aus. Sind Benzolvorläufe zu untersuchen, die mehr als 5% CS_2 enthalten, so muß die Menge der alkoholischen Kalilauge entsprechend vergrößert oder die abzuwägende Menge des Benzols verkleinert werden.

Aus dem Unterschied der Mengen des Gesamtschwefels und des aus dem Schwefelkohlenstoffgehalt sich ergebenden Schwefelgehaltes kann man unbedenklich den Thiophengehalt errechnen. Nach dem heutigen Stand der Forschung dürften außer Schwefelkohlenstoff und Thiophen im Benzol keine anderen organischen Schwefelverbindungen vorhanden sein. Der qualitative Nachweis des Thiophens erfolgt durch die bekannte Indopheninreaktion[1].

Die direkte Bestimmung des Thiophens im Benzol mit Hilfe von Quecksilberacetatlösungen (nach einem Vorschlag von *Dimroth*) ergibt nach neueren Literaturangaben[2] nur ungenaue Werte.

Paraffingehalt.

Zur Bestimmung der Paraffine im Benzol wurden mehrere Verfahren ausgearbeitet, welche auf der Nichtangreifbarkeit dieser Kohlenwasserstoffe

---

[1] Ber. d. Dtsch. chem. Ges. **16**, 1473. (1893).
[2] *C. Schwalbe*, Ber. d. Dtsch. chem. Ges. **38**, 2208 (1905).

Das Leichtöl. 81

durch Salpetersäure oder Schwefelsäure beruhen. Behördlicherseits[1] wurde während des Krieges folgendes Verfahren (für den Bedarfsfall) angeordnet: 500 g des Benzols werden mit 1250 g Nitriersäure, bestehend aus gleichen Teilen H_2SO_4 (66° Bé) und HNO_3 (45° Bé) bei einer 10° nicht übersteigenden Temperatur nitriert. Es geschieht dies in einem Rundkolben, durch dessen Stopfen ein Thermometer (bis in die Flüssigkeit reichend), ein Rührer, ein Tropftrichter und ein 50 cm langer Rückflußkühler hindurchgehen. Tropftrichter und Kühler dürfen nicht in die Flüssigkeit eintauchen. Die Säure darf nur tropfenweise unter sehr kräftigem Rühren zugegeben werden, und es ist durch Kühlen in Eiswasser darauf zu halten, daß die Temperatur von 10° nicht überschritten wird. Ist alle Säure eingetragen, so wird noch eine Stunde lang unter Kühlen gerührt. Nach dem Nitrieren wird die absitzende Säure abgezogen, das rohe Nitroprodukt alkalisch gemacht (unter Zusatz von 500 ccm Wasser) und der Destillation in einem schwachen Wasserdampfstrom mit aufgesetzter Destillierhaube so lange unterworfen, bis das übergehende Öl im Wasser untersinkt. Das übergegangene Öl wird vom Destillatwasser geschieden und in einem graduierten Zylinder mit derselben Nitriersäure erschöpfend behandelt. Die oberste der zwei Schichten stellt das Unnitrierbare dar, welches unter Berücksichtigung des spez. Gewichtes (Mittel 0,73) auf Gewichtsprozente umgerechnet wird.

Leider scheinen die Ergebnisse nach diesem Verfahren dem tatsächlich vorhandenen Gehalt nicht völlig gerecht zu werden, was indessen wegen der geringen praktischen Bedeutung der Paraffinbestimmung überhaupt nicht allzu sehr ins Gewicht fällt. Die Paraffine können im Verlauf einer normal betriebenen Kokerei, in Rücksicht auf die Unbeständigkeit dieser Kohlenwasserstoffe bei der während der Verkokung herrschenden Temperatur nur spurenweise in den Benzolen auftreten, eine Erwägung, welche durch die analytische Untersuchung der Handelsbenzole ihre Bestätigung findet. Infolgedessen braucht der Abnehmer des im überwiegenden Maße aus den Großkokereien stammenden Benzols auch nur mit Spuren dieser Verunreigung zu rechnen, denen man gelegentlich wohl mit Unrecht eine schädigende Einwirkung auf den Gang der Nitrierung zugeschrieben hat.

3. Rohbenzole. Die für die Handelsbenzole beschriebenen Untersuchungsverfahren können in sinngemäßer Weise auch für die Rohbenzole zur Anwendung gelangen, wobei freilich der Brom- und Schwefelsäurereaktion dadurch gewisse Grenzen gesteckt sind, daß von Rohbenzolen mit einem hohen Gehalt von ungesättigten Verbindungen (wie sie bisweilen in der Praxis gefunden werden) weder bei der Titration mit Bromlösungen noch beim Schütteln mit Schwefelsäure einwandfreie und klare Ergebnisse zu erwarten sind. Dagegen gewinnt bei den Roherzeugnissen die Bestimmung ihres Gehaltes an Handelsbenzolen, ihr „Ausbringen" an diesen erhöhte Bedeutung. Folgendes Verfahren zur Ermittlung dieses Gehaltes hat sich in der Praxis gut bewährt:

---

[1] Königl. Militär-Versuchsamt 1917.

2 kg der durch Schütteln gut gemischten Probe werden in einer tarierten, geschlossenen Kupferblase von $2^1/_2$—3 l Fassungsraum der Destillation mit einer 20 cm langen Perlkolonne unterworfen, bis das Thermometer in dem oberen Teile der Kolonne 180° zeigt. Die Destillationsgeschwindigkeit soll etwa 8—10 ccm in der Minute betragen. Der Rest in der Blase wird zurückgewogen und ist als schweres Teeröl anzusehen.

Das Destillat wird, nachdem etwa mitübergegangenes Wasser entfernt ist, einer Wäsche in folgender Weise unterzogen:

In einem Scheidetrichter von etwa $2^1/_2$ l Fassungsraum wird das obige Destillat nacheinander zweimal mit je etwa 10 Volumprozent Natronlauge vom spez. Gewicht 1,1, darauf mit 10 Volumprozent Schwefelsäure vom spez. Gewicht 1,33 je 5 Minuten lang kräftig geschüttelt. Nach dem Absitzen werden die wässerigen Flüssigkeiten jedesmal vollständig entfernt.

Die so von sauren und basischen Verunreinigungen befreite Fraktion wird zweimal mit je 3 Volumprozent Schwefelsäure-Monohydrat jedesmal 15 Minuten lang sehr kräftig geschüttelt und nach 15 Minuten langem Absitzen von der Säure befreit. (Die Säure ist jedesmal in drei annähernd gleichen Portionen in kurzen Abständen nacheinander zuzusetzen.) Zum Schluß wird nacheinander mit 1% Wasser und mit Natronlauge bis zur neutralen Reaktion, wie oben, nachgewaschen.

Von den letzten Resten wässeriger Flüssigkeit wird das Rohbenzol durch Abgießen in eine Kupferblase von etwa 2 l Fassungsraum befreit und aus dieser in gleicher Weise wie bei der ersten Destillation abdestilliert.

Hierbei ist jedoch der Barometerstand zu berücksichtigen, und zwar am einfachsten dadurch, daß ein unmittelbar vor der Ausführung der Destillation auf Wasserdampf eingestelltes Thermometer mit verstellbarer Skala verwendet wird.

Bei dieser zweiten Destillation werden die Fraktionen in tarierten Glasflaschen wie folgt abgenommen:

Fraktion I: bis 105° 90er Handelsbenzol,
„ II: „ 115° gereinigtes Toluol,
„ III: „ 150° Lösungsbenzol I,
„ IV: „ 175° Lösungsbenzol II.

Die Gewichte der vom Wasser befreiten Fraktionen entsprechen dem Gehalte der angewendeten 2 kg des Rohmaterials an den drei Handelsprodukten.

Die erhaltenen drei Fraktionen sind schließlich noch auf ihre Reaktion gegen Schwefelsäure und Brom und Übereinstimmung mit den Handelstypen in dieser Beziehung zu prüfen. Sollte die Reaktion ungenügend sein, so ist eine erneute Untersuchung unter Anwendung eines solchen Mehrquantums an Schwefelsäure vorzunehmen, daß die Reaktion der Fraktionen den Anforderungen des Handels entspricht.

i) Pyridinbasen.

1. **Ausgangsmaterial; Gewinnung.** Die technisch verwertbaren, d. h. die bis 160° siedenden Pyridinbasen finden sich im Steinkohlenteer in

einer Menge von etwa 0,02% des Teeres (Kokereiteer). Sie bestehen im wesentlichen (schätzungsweise zu 60—70%) aus Pyridin, neben welchem dessen methylierte Homologen bis hinauf zum Tetramethylpyridin auftreten. Gemäß dem Siedepunkt des Pyridins (115°) müßten die Basen in erster Linie aus dem Rohtoluol bzw. der dieses enthaltenden Rohfraktion zu gewinnen sein. Statt dessen ergeben die bis 120° siedenden Rohbenzole nur Spuren von Basen, und letztere werden erst in den, Phenol und Kreosol enthaltenden, höher siedenden Ölen in einer Menge von 3—5% der letzteren gefunden. Der Grund für diese auffallende Erscheinung liegt in dem Umstand, daß die Pyridine mit den Phenolen Doppelverbindungen bilden, welche wesentlich höher als die Basen selbst sieden und erst zerlegt werden, wenn man aus diesen Fraktionen durch Behandlung mit Natronlauge die Phenole auszieht. Hieraus erklärt sich, daß die Pyridingewinnung in den Teerdestillationen erst dann nennenswerte Ergebnisse erzielt, wenn diese Anlagen die hochsiedenden Lösungsbenzole oder noch besser die später zu behandelnden Carbolöle aufarbeiten.

Wie wir gesehen haben, werden die Basen aus den Rohfraktionen in den meisten Fällen durch verdünnte Abfallsäure ausgezogen und in Form ihrer stark schwefelsauren Lösung, der „Pyridinschwefelsäure", gewonnen. Die Aufarbeitung der letzteren erfolgt in der Weise, daß man die Rohsäure in verbleiten Kästen zunächst der Ruhe überläßt, wobei sich Harzreste und mechanisch anhaftende Öle absetzen. Mit größerer Sicherheit erzielt man eine Klärung und Reinigung der Ausgangssäure, wenn man diese nach dem Verfahren der erloschenen Patente Nr. 39 947 und 36 372 vorsichtig mit konzentriertem Gaswasser (16% NH_3 enthaltend) neutralisiert, bis geringe Mengen der Basen zur Abscheidung gelangen. Es scheiden sich sodann alle öligen und harzigen Verunreinigungen in Form dunkler, auf der Pyridinsulfatlösung oben aufschwimmender Schichten ab und können durch Abziehen beseitigt werden. Die auf die eine oder andere Weise möglichst geklärte Sulfatlösung wird hierauf in geschlossenen, verbleiten Gefäßen (Saturateuren) durch Einleiten von Ammoniak, wie es aus den Ammoniakkolonnen entweicht, unter Kühlung durch eine Bleischlange bis zur alkalischen Reaktion neutralisiert und abermals der Ruhe überlassen. Die Flüssigkeit trennt sich hierbei in zwei Schichten: eine etwa 15—20% Ammonsulfat enthaltende Salzlösung und, oben aufschwimmend, eine ölige Schicht von Rohpyridin. Letzteres enthält neben Pyridin noch reichliche Mengen Wasser, Harze aus der Abfallsäure und — wenn zum Ausfällen rohes Ammoniakgas verwendet wurde — Schwefelwasserstoff. Zwecks Reinigung trocknet man die Rohbasen über festem Ätznatron, welches das vorhandene Wasser in Form starker Lauge abscheidet und den Schwefelwasserstoff als Schwefelnatrium bindet. Zum Schluß erfolgt eine ziemlich oberflächliche Fraktionierung der getrockneten Basen aus einer mit Dampfschlange versehenen Blase, wobei die bis 140° zu 90% siedenden Pyridine als Basen „alter Test", höher (—160°) siedende Nachläufe als Pyridin „neuer Test" aufgefangen werden. Bei stark verunreinigten Rohbasen empfiehlt sich eine Vordestillation der letzteren, wobei man bereits die allein brauchbaren Fraktionen abtrennt und alles höher Siedende verwirft. Die bei der Trocknung abfallende Lauge wird, nachdem sie zur Vortrocknung der Rohbasen gedient hat, zum Ausziehen von Phenolen aus den Rohölen verwendet. Die beim Ausfällen des Rohpyridins entstehende Ammonsulfatlösung wird, nachdem sie von gelösten Basen durch Ausblasen mit Wasserdampf befreit wurde, durch Eindampfen in verbleiten, mit Dampfschlange versehenen Kästen auf Ammonsulfat verarbeitet. Die so gewonnenen Pyridinbasen, welche, wofern sie ein brauchbares Handelserzeugnis darstellen sollen, vor allem wasser- und schwefelwasserstofffrei sein müssen, bilden farblose, leicht bewegliche Flüssigkeiten von reinem Pyridingeruch, welche sich in Säuren und Wasser klar lösen und in den meisten Fällen bestimmten, gesetzlich festgelegten Anforderungen entsprechen. Sie finden in erster Linie zum Denaturieren von Spiritus Verwendung und sind nach der allgemeinen Einführung dieses Vergällungsmittels ein ziemlich hoch bewertetes Handelserzeugnis geworden. Während man anfangs für diese Zwecke nur Basen verwendete, welche —140° zu 90% übergingen, hat die Knappheit an diesen Fraktionen dazu geführt, einen weiteren Pyridintyp zu schaffen, dessen Siedegrenzen bis 160° ausgedehnt wurden. Man unterscheidet hiernach Pyridin alten und neuen Testes, hat aber mit der Einführung des letzteren die Gesamtmenge nicht wesentlich zu heben vermocht. Das Pyridin ist ein ausgezeichnetes Lösungsmittel für zahlreiche, schwer lösliche Körper, dessen allgemeiner Anwendung leider der hohe Preis und, für gewisse Zwecke, sein intensiver, den meisten Menschen höchst unangenehmer Geruch entgegensteht. Als Lösungsmittel hat es zum Reinigen von Rohanthrazen (nach D.R.P. Nr. 42 052) von Anthrachinon und von Indigo (nach D.R.P. Nr. 134 139) Anwendung gefunden.

2. Analytisches. Die Anforderungen, welche das Reich an die zur Vergällung des Branntweins dienenden Basen stellt, enthalten gleichzeitig Anweisungen über deren analytische Untersuchung. Sie lauten in Kürze wie folgt:

1. Bei der Bestimmung des Siedepunktes nach der beim Benzol beschriebenen Vorschrift müssen mindesten 90% bis 140°, bei neuem Test bis 160° übergehen.

2. 20 ccm Basen mit 40 ccm Wasser in einem graduierten Reagensglas zusammengeschüttelt müssen eine klare Lösung ergeben.

3. Beim Mischen von 20 ccm einer 10 proz., alkoholischen Lösung der Basen mit einigen Tropfen einer gesättigten Lösung von Kadmiumchlorid soll nach kurzer Zeit ein starker weißer Niederschlag entstehen. 10 ccm der gleichen Pyridinlösung sollen mit 5 ccm *Neßler*schem Reagens einen weißen Niederschlag geben. Bei den Basen neuen Testes sollen 10 ccm einer 1 proz. wässerigen Lösung mit 5 ccm einer 5 proz. wässerigen Kadmiumchloridlösung innerhalb 10 Minuten eine reichliche, krystallinische Ausscheidung geben.

4. Die Farbe der Basen soll nicht dunkler sein, als eine Mischung von 2 ccm $^{1}/_{10}$-Normaljodlösung mit 1 l Wasser.

5. 20 ccm der Basen mit 20 ccm Natronlauge vom spez. Gewicht 1,40 in einem graduierten, mit Glasstopfen verschlossenen Schüttelzylinder innig gemischt, sollen mindestens 18,5 ccm Basen abscheiden.

Das Mittelöl.

6. 1 ccm Pyridinbasen in 10 ccm Wasser gelöst, werden mit Normalschwefelsäure versetzt, bis ein Tropfen der Mischung auf Kongopapier einen deutlichen blauen Rand hervorruft, der alsbald wieder verschwindet. Es sollen nicht weniger als 9,5 ccm der Säurelösung beim neuen und 10,0 ccm beim alten Test bis zum Eintritt dieser Reaktion verbraucht werden.

G. Das Mittelöl.
a) Eigenschaften und Zusammensetzung.

Die bei der Destillation des entwässerten Rohteeres zunächst übergehende Fraktion ist das Mittelöl, welches, wie bereits kurz erwähnt, im wesentlichen die zwischen 200 und 250° übergehenden Teerbestandteile umfaßt, daneben aber auch ansehnliche Mengen der im Leichtöl sich findenden homologen Benzole nebst ihren typischen Begleitern, sowie andererseits auch Anteile des höher siedenden Schweröls enthält. Unter den im Mittelöl auftretenden Kohlenwasserstoffen erscheint an erster Stelle das Naphthalin, welches in ihm in einer Menge von 30—35% (des Rohöls) enthalten ist und beim Abkühlen der im erwärmten Zustand gewonnenen Rohfraktion in Form braungelber, öldurchtränkter Krystallkrusten größtenteils ausfällt. Sehr bemerkenswert ist der Gehalt des Mittelöls an Phenolen, den „sauren Ölen", für deren Gewinnung es in erster Linie eine Rolle spielt. Das Rohöl enthält etwa 15—25%, nach dem Auskrystallisieren des Naphthalins etwa 20 bis 30% Phenole, von denen etwa ein Drittel aus Benzo-Phenol, zwei Drittel aus Kresolen und geringen Mengen Xylenol bestehen. Wie mehrfach erwähnt, werden diese Phenole vom Pyridin und seinen Homologen begleitet, für deren Gewinnung demnach gleichfalls das Mittelöl die vorzugsweise in Frage kommende Ausgangsfraktion bildet. Von geringerer Bedeutung sind die weiterhin im Mittelöl sich findenden Schwerölbestandteile, welche in der Hauptsache als homologe Naphthaline mit ihren später zu besprechenden Begleitern anzusprechen sind.

Das rohe Mittelöl bildet ein gelbes bis braungefärbtes dünnflüssiges Öl vom spez. Gewicht etwa 1,02, welches beim Abkühlen zum Teil erstarrt und hierbei etwa 30% feste Naphthalinausscheidungen abgibt. Das von seinen Krystallen befreite, etwa von 180—260° siedende Öl hat sodann ein um 1,0 liegendes spez. Gewicht und einen höheren Gehalt an Phenolen, zu deren Gewinnung es in den meisten Fällen weiter aufgearbeitet wird. Nur in Zeiten geringer Verwertungsmöglichkeit der Carbolsäure verzichtet man auf die weitere Behandlung dieser flüssigen Anteile und fügt sie unmittelbar den Heiz- und Imprägnierölen bei.

b) Verarbeitung im Betrieb.

Zur betriebsmäßigen Verarbeitung des rohen Mittelöls bieten sich zwei Wege: Der erste, wohl in den meisten Fällen eingeschlagene, besteht darin, daß man aus dem Rohöl zunächst durch Abkühlung das Naphthalin abscheidet, hierauf das von seinen Krystallen befreite Öl fraktioniert und aus den hierbei entfallenden Carbolölen — nötigenfalls nach nochmaligem Auskrystallisieren — die Phenole auszieht. Nach dem zweiten Verfahren, welches gleichzeitig auf die Beschaffenheit des zu erhaltenden Naphthalins besonderen Wert legt, unterwirft man das Rohöl vorerst der Fraktionierung, läßt die hierbei entfallenden, stark naphthalinhaltigen Öle auskrystallisieren und verarbeitet die flüssigen Anteile — nötigenfalls nach voraufgegangenem, wiederholten Fraktionieren — auf Carbolsäure. In beiden Fällen folgen bei den Destillationen den Carbolölen naphthalinhaltige Nachläufe, die als „Naphthalinöle" in später zu besprechender Weise verwertet werden.

Die Fraktionierung der höher siedenden Teeröle erfolgt zwar aus Freifeuerretorten, welche hinsichtlich Größe, Form und Einmauerung denen der Teerdestillation durchaus entsprechen, jedoch erfordert die feinere Trennung der in ihren Siedegrenzen voneinander abweichenden Destillate hier die Anwendung von Fraktionierkolonnen, die man gewöhnlich neben den Blasen aufstellt und an diese durch kurze Rohrverbindungen anschließt. Im Gegensatz zu den mittels Dampfschlange beheizten, eine scharfe Regulierung der Wärmezufuhr und feine Einstellung der Destillationsgeschwindigkeit ermöglichenden Blasen des Benzolbetriebes, stellt die Fraktionierung aus einer mit freiem Feuer geheizten Blase an die Geschicklichkeit des Destillateurs erhöhte Anforderungen. Trotzdem lassen sich, besonders wenn die Blasenfüllungen nicht zu klein gewählt werden, auch mit diesen Destillationseinrichtungen sehr schöne Erfolge erzielen. Auch hier erfolgt die Destillation in möglichst hohem Vakuum unter Benutzung von Kühler und Kesselanlagen, wie sie bei der Teerdestillation bereits eingehender beschrieben wurden. Als Fraktionierkolonnen werden sowohl Glockenkolonnen als auch mit Raschigringen gefüllte Säulen verwendet. Der Kondensator kann allerdings in Rücksicht auf die hohe Destillationstemperatur nur schwierig mit Wasserkühlung betrieben werden, dagegen kann man in einfacher Weise den unbedingt notwendigen Rücklauf durch einen als Rückflußkühler wirkenden Luftkühler herstellen, den man als Röhrenkondensator oder auch als Schlangekühler ausbildet. Der Gang der Destillation wird auch hier zweckmäßig durch Untersuchung des laufenden Destillates beobachtet, das man — im Fall des Carbolöls — auf seinen Siedepunkt prüft und hieraus die Grenzen ermittelt, innerhalb welcher die Öle noch für die Carbolsäureerzeugung brauchbar sind. Die mehrfach erwähnte Abscheidung des Naphthalins aus den Teerölen erfolgt in den meisten Fällen durch Auskühlen der letzteren in offenen, schmiedeeisernen Kästen von 10—30 cbm Inhalt, deren Form man bei stark krystallisierenden Ölen ziemlich flach (0,8—1,0 m hoch) wählt. Diese werden dann — oft in mehreren Stockwerken eines Betriebsgebäudes — so hoch gestellt, daß die abgekühlten Öle, von den als feste Krusten zurückbleibenden Krystallen ablaufend, durch freien Fall in tieferliegende Druckkessel gelangen können, welche sie, wie mehrfach beschrieben, nach dem Ort ihrer weiteren Verarbeitung befördern[1].

---

[1] Die weitere Behandlung des Rohnaphthalins siehe unter „Schweröl".

c) Die Carbolsäure.

1. Allgemeines. In den Steinkohlenteerölen sind, wie bereits erwähnt, neben dem Benzophenol, dessen Homologen insbesondere die drei isomeren Kresole enthalten. Während man noch vor etwa einem Jahrzehnt nur auf die Gewinnung des ersteren Wert legte und die Kresole infolge der technischen Unmöglichkeit das krystallisierte Phenol in den Ölen frei von Homologen zu erhalten gewissermaßen unfreiwillig mit erzeugte, ist infolge neuerer Verwendungszwecke der Kresole für letztere eine bemerkenswerte, wirtschaftliche Verwertung ermöglicht worden und damit ein erhöhtes Interesse eingetreten. Der Gang dieser Entwicklung ist nicht ohne Einfluß auf die Ausgestaltung der Betriebe geblieben, welche in den letzten Jahren allgemein beträchtlich erweitert und, soweit möglich, auch ausgearbeitet und vervollkommnet wurden.

Immerhin sind die Mengen der zu erzeugenden Carbolsäure beschränkt und schwanken außerdem in auffallender, noch nicht völlig aufgeklärter Weise mit der Herkunft des Rohteers als Ausgangsstoff. Nach *Fr. Fischer* und *H. Gröppel*[1] sind in den Teeren folgende Mengen von Phenol enthalten:

Teersorten	Phenol %
Ruhrkokereiteer	0,18
Oberschlesischer Kokereiteer	0,41
Saarkokereiteer	0,59
Gasanstaltsteer	0,89

An Kresolen und den geringen Mengen erzeugter Xylenole, welche meist als „100 Proz. flüssige Carbolsäure" bezeichnet werden und erst neuerdings in schärfer umrissenen Typen in den Handel gelangen, dürfte etwa das Doppelte der Menge des krystallisierten Phenols erzeugt werden, obwohl die Erzeugungsmöglichkeit dieser Homologen damit nicht erschöpft ist. Daß man die Gewinnung der Homologen nicht noch weiter, und zwar auf Öle ausdehnt, welche jetzt unverarbeitet bleiben und für rohere Zwecke Verwendung finden, hat neben anderem seinen Hauptgrund in den doch noch immer großen Schwankungen, welchen der wirtschaftliche Wert dieser flüssigen Carbolsäuren unterworfen ist, und von dem noch später die Rede sein wird.

2. Gewinnungsverfahren. Zur Verarbeitung auf Carbolsäure können Öle der verschiedensten Siedegrenzen gelangen. Da indessen auch heute noch das Phenol als weitaus der wertvollste Bestandteil auftritt und die Absatzmöglichkeit der Kresole immerhin wechselnd ist, wählt man gewöhnlich als Ausgangsöle die in der Hauptsache zwischen 180 und 220° übergehenden, vom Naphthalin möglichst befreiten Fraktionen des Mittelöls (kurz als Carbolöle bezeichnet). Das Auslaugen des Carbolöls erfolgt mit einer Natronlauge, deren Gehalt an Ätznatron 8—10% beträgt. Diese Konzentration erweist sich nicht bloß deshalb als zweckmäßig, weil sie gering genug ist, um die

---

[1] Zeitschr. f. angew. Chem. **30**, 76 (1917).

Reinigung des Phenolnatrons zu erleichtern; andererseits so hoch liegt, daß ein schnelles und scharfes Absetzen nach dem Auslaugen erfolgt, sondern sie ist auch aus chemischen Gründen dann empfehlenswert, wenn nach dem Ausfällen der Phenole durch Kohlensäure die entfallende Sodalösung wieder kaustifiziert werden soll. Schon beim Auslaugen kann — innerhalb gewisser Grenzen — eine Trennung des Phenols vom Kresol erfolgen, denn ersteres zeigt einen etwas stärker sauren Charakter als das letztere und geht daher bei der Behandlung der Carbolöle mit einer zur restlosen Extraktion ungenügenden Menge Natronlauge zuerst in Lösung. Diese Wirkung wird noch dadurch verstärkt, daß man die Phenolnatronlauge erneut mit frischem Öl behandelt, wobei offenbar ein gewisser Austausch gebundenen Kresols gegen Phenolanteile des Frischöls stattfindet und eine weitere Anreicherung der Phenolnatronlauge an Phenol erfolgt. Mit der Einführung verfeinerter Fraktioniereinrichtungen hat diese vorläufige Trennung von Phenol und Kresol an Interesse verloren, denn, da ohnehin eine Destillation der abgeschiedenen Rohphenole erfolgen muß, gestattet diese unter Anwendung wirkungsvoller Fraktionierkolonnen meist schon bei der ersten Operation eine so weitgehende Trennung des Phenols von seinen Homologen, daß ihr gegenüber die verhältnismäßig umständliche Teilung des Auslaugeprozesses unlohnend erscheint.

Die frisch gewonnenen Phenolnatronlaugen enthalten teils mechanisch anhaftende, teils gelöste Bestandteile des ausgelaugten, neutralen Öles, des sogenannten Putzöles, darunter nicht unerhebliche Mengen der wasserlöslichen Pyridine, welche nach der Bindung der Phenole aus ihren Verbindungen mit letzteren frei geworden sind. Man unterzieht daher die Rohlaugen einer Reinigung, indem man im Dampfstrom alle basischen und neutralen Verunreinigungen durch Destillation entfernt. Nach dieser, als Klardampfen bezeichneten Behandlung können die Rohphenole ausgefällt werden. Zum Neutralisieren der alkalischen Laugen wurde früher vielfach Schwefelsäure (von 60° Bé) verwendet, wobei neben den restlos abgeschiedenen Rohphenolen eine Lösung neutralen Sulfates entfiel, die man verloren gab. Neuerdings legt man aus wirtschaftlichen Gründen Wert auf die Wiedergewinnung des Ätznatrons, indem man die Phenolnatronlauge mit Kohlensäure sättigt und neben Rohphenol eine Sodalösung gewinnt, die durch Kaustifizierung mittels Ätzkalk wiederum in Natronlauge übergeführt werden kann. Da bei diesem Verfahren die Kohlensäure durch Erhitzen von Kalksteinen im Schachtofen gewonnen wird und der hierbei entfallende Ätzkalk wiederum zum Kaustifizieren der Sodalauge dient, so bewegt sich das Natron bei der Phenolgewinnung in einem Kreisprozeß, welcher zu seiner Durchführung nur der Zufuhr von Kalksteinen, Koks und geringen Mengen Soda zum Ausgleich unvermeidlicher Verluste bedarf.

Das aus den Laugen abgeschiedene Rohphenol enthält etwa 15—20% Wasser, außerdem geringe Spuren anorganischer, aus seiner Gewinnung herrührender Salze und andere Verunreinigungen, von denen es durch Destillation getrennt werden muß. Hierbei werden bereits die phenolreichen Fraktionen von der Hauptmenge des Kresols geschieden und erstere der Krystallisation zugeführt. Nach dem Abkühlen erstarren sie zum Teil zu Krystallen, welche man abtropfen läßt und durch Zentrifugieren so weit als möglich von ihren flüssigen Begleitern trennt. Letztere werden erneut fraktioniert und in gleicher Weise aufgearbeitet, bis durch diese mehrfach wiederholte Arbeitsweise sich das Ausgangsmaterial in einen krystallinischen (Phenol-) und einen mit den gewöhnlichen Hilfsmitteln nicht zum Krystallisieren zu bringenden (Kresol-)Anteil getrennt hat. Schließlich erfolgt noch eine Schlußdestillation der Krystalle zwecks Überführung in das marktgängige Erzeugnis, das in den meisten Fällen aus reinem Phenol vom Schmelzp. 39—40 besteht. Das flüssige Kresol, die 100proz. flüssige Carbolsäure, kommt oft als solches in den Handel, wird aber für gewisse Verwendungszwecke auch vielfach weiter aufgearbeitet und in seine Isomeren mit größerem oder geringerem Erfolge getrennt. Aus dem Vergleich der Siedepunkte der reinen Körper:

Phenol . . . . Siedepunkt 181,0°
Orthokresol . . . . „ 188,0°
Metakresol . . . . „ 200,0°
Parakresol . . . . „ 199,5°
sym. Xylenol . . . . „ 218,0°

ersieht man leicht, daß die Fraktionierung zu einer mehr oder weniger vollkommenen Trennung des Phenols vom Orthokresol, sowie von diesem und einem nicht zerlegbaren Gemisch von Meta- und Parakresol zu führen vermag. Da, wie wir später sehen werden, das Metakresol ein besonderes Interesse hat und für einzelne Verwendungszwecke wertvoller ist, als seine Isomeren, hat man seit einigen Jahren einen zweiten Kresoltyp geschaffen, welcher praktisch orthokresolfrei ist und aus dem oben erwähnten Gemisch der Meta- und Paraverbindung besteht. Dieses Erzeugnis, als Kresol D.A.B. V[1] bezeichnet, wird gewonnen, indem man das, die drei Isomeren enthaltende, flüssige Kresol einer erneuten, sorgfältigen Fraktionierung unterwirft, wobei ein orthokresolreicher Vorlauf abgetrennt und als Hauptfraktion das Kresol D.A.B. V entfällt. Es ist nun in letzter Zeit gelungen, aus dem erwähnten Vorlauf durch Fortsetzung der Fraktionierung, sowie endlich durch eine mit dieser verbundenen Krystallisation das Orthokresol in technisch reinem Zustand als ein bei 30—31° erstarrendes Erzeugnis gleichfalls zu isolieren und in den Handel einzuführen. Endlich hat es auch nicht an Versuchen gefehlt, die beiden auf dem Wege der Destillation nicht zu trennenden Isomeren durch chemische Behandlung in diese zu zerlegen und für sie Verwendungszwecke aufzufinden. Häufig genügt da schon die Darstellung eines metakresolreichen Gemisches; es ist aber auch durchführbar, sowohl die Meta- als die Paraverbindung rein abzuscheiden.

Unter den verschiedenen Vorschlägen, welche zu diesem Zweck gemacht wurden, seien folgende erwähnt:

Die *Chemische Fabrik Ladenburg* stellt die Kalksalze des Gemisches der Meta- und Paraverbindung her und erhält durch deren Krystallisation ein

---

[1] Deutsches Arzneibuch, Ausgabe V.

an Metakresol reiches Erzeugnis (D.R.P. Nr. 152 652). Aus dem gleichen Ausgangsmaterial wird nach einem Vorschlag von *R. Rütgers* (D.R.P. Nr. 137 584) die Paraverbindung mit Hilfe ihres krystallisierten Oxalesters rein abgeschieden. Eine schärfere Trennung der beiden Isomeren wird durch die Verfahren von *F. Raschig* (D.R.P. Nr. 112 545 und 114 975) erzielt, welche aus dem Gemisch der Disulfosäuren beider Verbindungen die Parasäure auskrystallisieren läßt, abtrennt und spaltet, worauf die an Metaverbindung reichen, flüssigen Anteile bei einer solchen Temperatur zerlegt werden, bei welcher zwar das Metakresol, nicht aber das Parakresol abgespalten wird.

Die im Vergleich zum p-Kresol leichtere Sulfurierbarkeit der Metaverbindung gelangt in dem Verfahren von *Terisse* (D.R.P. Nr. 281 054) zur Anwendung, nach welchem das Gemisch aus m- und p-Kresol mit einer mäßig verdünnten (60° Bé) Schwefelsäure im Vakuum behandelt und das hierbei nicht sulfurierte p-Kresol durch Ausblasen mit Wasserdampf abgetrennt wird. *Schülke* und *Mayr* (D.R.P. Nr. 268 780) sulfurieren gleichfalls partiell das Gemisch aus m- und p-Kresol, wobei letzteres nicht angegriffen wird und mit Benzol dem Reaktionsgemisch entzogen werden kann. Auch nach dem Verfahren von *Hoffmann-La Roche* (D.R.P. Nr. 245 892) wird das Kresolgemisch in seine Monosulfosäuren übergeführt und die Metaverbindung durch Krystallisation der freien Säure gereinigt. Endlich sei noch ein Verfahren von *Terisse* und *Dessonlavy* (D.R.P. Nr. 267 210) erwähnt, nach welchem die Kalksalze des m- und p-Kresols durch Wasserdampf in der Weise gespalten werden sollen, daß zwar die Metaverbindung mit den Wasserdämpfen übergeht, die Paraverbindung dagegen unzerlegt bleibt.

Auch eines der 6 Xylenole, und zwar das bereits von *K. E. Schulze*[1] im Steinkohlenteer nachgewiesene, symmetrische m-Xylenol ist aus dem technischen, für gewöhnlich flüssigen Gemisch der Xylenole durch Fraktionierung des letzteren im Vakuum gewonnen worden. (D.R.P. Nr. 254 716 von Dr. *F. Raschig*.)

3. **Betriebsapparate und Betriebsgang** (Abb. 19). Das Ausziehen der Phenole aus den Carbolölen erfolgt zweckmäßig in geschlossenen, schmiedeeisernen Rührwerken, deren Größe sich naturgemäß nach den Anforderungen richtet, welche an die Leistungsfähigkeit des Betriebes gestellt werden. Lauge und Öl werden in hochstehenden Kästen abgemessen und in dem Rührkessel in solchen Mengen zusammengegeben, daß auf ein Volumen der auszulaugenden Phenole die erfahrungsgemäß erforderlichen vier Volumen Natronlauge vom spez. Gewicht 1,1 kommen. Nach dem Durchrühren und Absitzen werden sowohl die rohe Phenolatlauge, als auch das von seinen Phenolen befreite Öl (Putzöl) in größere Vorratsbehälter abgezogen. Laugt man zwecks Trennung des Phenols vom Kresol partiell aus, sind für die halbfertigen Laugen und Öle besondere Kessel vorzusehen, aus denen die Zwischenerzeugnisse zur weiteren Behandlung in das Rührwerk zurückbefördert

---
[1] Ber. d. Dtsch. chem. Ges. **20**, 410 (1887).

werden können. Während das Putzöl den Betrieb verläßt, um in der Öl- oder Rohbenzoldestillation auf seine gut verwendbaren Bestandteile aufgearbeitet zu werden, gelangt die Rohlauge in den meisten Fällen in eine geschlossene, schmiedeeiserne Dampfblase, wo sie durch Abdestillieren mit oder ohne Einblasen von direktem Dampf geklärt wird. Die Lauge ist „klargedampft", sobald eine Probe beim Verdünnen mit Wasser keine Trübung mehr zeigt. Allzu konzentrierte oder konzentriert gewordene Laugen geben beim Klardampfen ihre Verunreinigungen nur schwer ab und müssen nötigenfalls mit Wasser verdünnt werden. Die auf die beschriebene Weise gereinigte

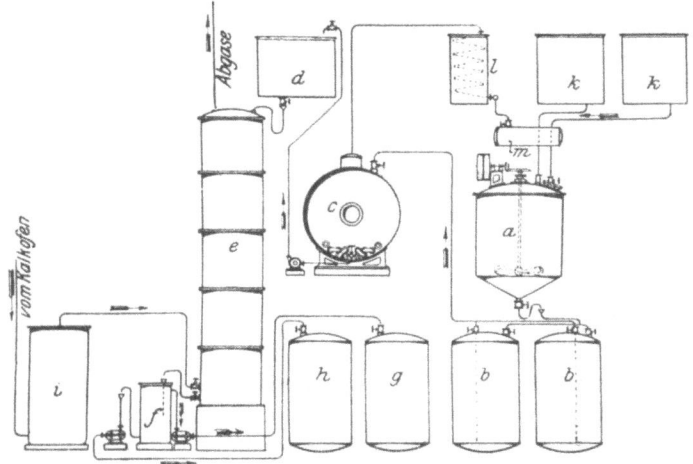

Abb. 19. Schematische Darstellung einer Anlage zur Gewinnung von Carbolsäure. Apparate: *a* Auslauger. *b* Kessel für Phenolnatronlauge. *c* Klardampfblase. *d* Zulaufkasten für Kolonne. *e* Kolonne zum Ausfäller. *f* Ölscheider. *g* Kessel für Soda. *h* Kessel für Rohphenol. *i* Gasreiniger. *k* Kasten für Carbolöl. *l* Kühler für *c*. *m* Vorlage der Klardampfblase.

Lauge wird nunmehr ausgefällt, indem man sie in einem mit Rührwerk versehenen, schmiedeeisernen Behälter genau mit Schwefelsäure von 60° Bé neutralisiert oder zweckmäßiger, indem man sie mit Kohlensäure behandelt. Im ersteren Falle trennt sich nach dem Absättigen die Flüssigkeit alsbald in zwei Schichten, deren untere aus einer Lösung von Natriumsulfat besteht, die in den meisten Fällen verloren gegeben wird.

Die obenauf schwimmende, ölige Schicht besteht aus einem noch etwa 15% Wasser enthaltenden Rohphenol, welches unmittelbar weiter verarbeitet werden kann. Umständlicher, jedoch wirtschaftlich wertvoller gestaltet sich das Arbeiten mit Kohlensäure. Letztere wird in einem gewöhnlichen Kalk-Schachtofen entwickelt, in welchem man Kalksteine unter Zusatz von 10—15% ihres Gewichtes an Koks zu Ätzkalk brennt. Etwas unterhalb der Gicht werden die 30—40% Kohlensäure enthaltenden Gase durch ein Gebläse abgesaugt, in einem größeren geschlossenen Zylinder von

Flugstaub, nötigenfalls auch durch Überleiten über feucht gehaltene Kalksteine von schwefeliger Säure befreit und mit einem schwachen Überdruck in die mäßig angewärmte Phenolatlösung eingeleitet. Die hierzu verwendeten Apparate können aus einer Reihe einfacher, zylindrischer Gefäße bestehen, welche mit der Lauge beschickt werden, und durch welche die Gase nacheinander oder in Parallelschaltung hindurchgeführt werden. Vorteilhafter bedient man sich hierzu derjenigen Anordnung, welche ganz allgemein die Wechselwirkung eines Gases mit einer Flüssigkeit in zweckmäßigster Weise bewirkt, d. h. eines Kolonnenapparates. Als solcher kann eine Glockenkolonne oder ein mit Raschigringen gefüllter Zylinder, wie er bei der Destillation verwendet wird, dienen. Von anderen Systemen seien hier noch die für den gleichen Zweck empfohlene Kolonne nach *Kubierschky* erwähnt. Die gereinigte Lauge tritt in allen Fällen mit einer Temperatur von 50—60° in die Kolonnenhaube ein, fließt dem Gasstrom entgegen und verläßt die Säule in Form eines Gemisches von Sodalösung und Rohphenol, welches in einem Ölscheider im ununterbrochenen Arbeitsgang in diese beiden Erzeugnisse getrennt wird. Um alles Phenolnatron auszufällen, ist die Anwendung eines Überschusses von Kohlensäure, also die Bildung einer gewissen Menge von Bicarbonat unvermeidlich.

Die Regenerierung der Natronlauge durch Kaustifizieren der entfallenden Sodalösung deckt sich in jeder Beziehung mit dem in der Sodaindustrie in größtem Maßstab ausgeführten und gut durchgearbeiteten Verfahren zur Gewinnung kaustischer Soda und bedarf daher keiner näheren Schilderung. Daß hierbei der Kalk des zur Kohlensäureentwicklung betriebenen Kalkofens Verwendung findet, wurde schon oben kurz erwähnt. Die abfallende, oft Spuren von Phenol und Ätznatron enthaltende Kreide bildet ein lästiges Nebenerzeugnis. Ihre Wiederverarbeitung im Kalkofen ist ein technisches Problem, das noch seiner Lösung harrt.

Die Destillation und Fraktionierung des Rohphenols kann in Rücksicht auf die nahe beieinander liegenden Siedepunkte der einzelnen Bestandteile erfolgreich nur in wirkungsvollen Kolonnenapparaten durchgeführt werden, wie sie beim Kapitel Benzoldestillation ausführlich beschrieben wurden. Man kann sich hierbei, wie in der Öldestillation, der Freifeuerblasen bedienen und unter gewöhnlichem Druck oder im Vakuum arbeiten; mit gutem Erfolg ist die Destillation aber auch in Dampfblasen unter hohem Vakuum durchgeführt worden, wobei, wie bei der Benzoldestillation, eine scharfe Einstellung der Destillationsgeschwindigkeit ermöglicht wird. Die Kontrolle des Ganges der Destillation findet am einfachsten durch Untersuchung des laufenden Destillates statt. Die Krystallisation der phenolhaltigen Fraktionen läßt man in größeren oder kleineren, eisernen Krystallisationsgefäßen vor sich gehen, indem man gewöhnlich die natürliche Abkühlung durch Anwendung künstlicher Kühlung unterstützt. Es kann dies in der Weise geschehen, daß man die mit Doppelmantel versehenen Rührgefäße mit den Fraktionen beschickt und durch ersteren kaltes Wasser oder eine in der Eismaschine abgekühlte Salzsoole hindurchleitet. Nach erfolgter Abkühlung läßt man den entstandenen Krystallbrei unmittelbar in Zentrifugen laufen, die sich für die Abtrennung der flüssigen Anteile als besonders geeignet erwiesen haben. Nach einem anderen Verfahren fängt man die krystallisierenden Destillate in kleineren Kästen auf und bringt diese in Kühlwannen teils durch Wasser, teils durch stark abgekühlte Soole zur Krystallisation. Nach beendeter Abkühlung läßt man die flüssigen Anteile von den aus derben Nadeln bestehenden, ziemlich festen Krystallen ablaufen, zerkleinert letztere und befreit sie durch Zentrifugieren von dem letzten Reste flüssiger Säuren.

Bezüglich der Redestillation sowohl der Krystalle als auch der flüssigen Carbolsäuren gilt das bereits oben über die Destillation des Rohphenols Bemerkte. Beim Fraktionieren des krystallinischen Anteils zwecks Gewinnung verkaufsfertigen Phenols müssen Übergangs- sowie Kühlrohr aus Zinn oder Silber hergestellt sein, denn bei Anwendung von Eisen oder anderen für technische Zwecke in Frage kommenden Metallen zeigt das Destillat die unerwünschte Neigung, sich bald rötlich zu färben.

Für den Versand von Phenol werden seit langer Zeit Blechtrommeln aus verzinntem oder verzinktem Eisenblech, bisweilen auch aus Zinkblech der verschiedensten Größe verwendet. In Rücksicht auf die hohe Empfindlichkeit des Phenols sucht man ein Umfüllen oder Umschmelzen des Versandpräparates möglichst zu vermeiden und destilliert daher unmittelbar in die zum Versand gelangenden Gefäße.

4. **Handelserzeugnisse und Verwendungszwecke.** Das von den deutschen Teerdestillationen erzeugte Phenol wird heute wohl ausschließlich als Reinerzeugnis mit einem Erstarrungspunkt von 39—40° in den Handel gebracht. Für Verwendungszwecke, bei welchen die Reinheit keine ausschlaggebende Rolle spielt, können nach Übereinkunft mit den Abnehmern natürlich auch (wohlfeilere) Erzeugnisse von niedrigerem Erstarrungspunkt hergestellt werden; doch scheint die früher im Handelsverkehr vielfach angetroffene Carbolsäure von 35° Erstarrungspunkt ganz aus dem Markt verschwunden zu sein. Zweifellos wird in Deutschland zur Zeit nur aus einem Teil des zur Verfügung stehenden Teeres das Phenol gewonnen, so daß die Erzeugungsmöglichkeit den wirklichen, etwa 1000—1500 t betragenden jährlichen Entfall übertrifft.

Sehr viel größer gestaltet sich dagegen der Gesamtverbrauch an Phenol, welcher durch die Teercarbolsäuren nicht zu decken ist, sondern zu nicht geringem Teil auf das synthetische Erzeugnis (aus Benzolsulfosäure) zurückgreift. Diese Verhältnisse sind auch im Laufe der letzten Jahre von Einfluß auf die Preisbildung gewesen, welche fast automatisch so erfolgt, daß die Kosten der synthetischen Herstellung regulierend auch auf den Preis des Teerphenols einwirken.

Die krystallisierte Carbolsäure hat ihre wirtschaftliche Bedeutung zuerst durch ihre Verwendung in der Heilkunde als stark keimtötendes, wasserlösliches Mittel erhalten, als welches es auch heute noch vielfach zur Anwendung gelangt. Allerdings werden heute für diesen Zweck weit mehr die Derivate des Phenols hergestellt und verwendet. Als ein solches ist die

Salicylsäure an erster Stelle zu nennen, die übrigens, außer in der Pharmazie, auch in der Farbstoffindustrie in großem Maße verbraucht wird. Ein nicht minder großes Anwendungsgebiet bildet für das Phenol die Sprengstoffindustrie, welche für die Herstellung von Trinitrophenol, der Pikrinsäure zeitweilig derartig große Mengen Phenol in Anspruch nahm, daß im Handel eine sehr bemerkliche Knappheit an diesem Platz griff. Seit einigen Jahren hat sich in der Herstellung von Kunstharzen, welche ganz allgemein durch Kondensation von Phenolen mit Formaldehyd gewonnen werden können, eine für Phenole aller Art sehr aufnahmefähige Industrie erschlossen. Die aus Phenol hergestellten, unter dem Namen Bakelit, Resinit u. dgl. bekannten Erzeugnisse sind unschmelzbare, unlösliche, bearbeitbare Massen und dienen als Ersatz für viele natürlichen und künstlichen Stoffe wie Hartgummi, Horn, Celluloid u. a. m.

Die Kresole finden sich im Handel in zwei wesentlich voneinander unterschiedenen Typen:

1. Kresol D.A.B. IV[1] (Cresolum crudum) besteht im wesentlichen aus dem Gemisch der drei Isomeren ohne Gewähr für den Gehalt an diesen. Die Pharmakopöe stellt an dieses Erzeugnis folgende Anforderungen: „10 ccm rohes Kresol, mit 50 ccm Natronlauge und 50 ccm Wasser in einem 200 ccm fassenden Meßzylinder mit Stöpsel geschüttelt, dürfen nach längerem Stehen nur wenige Flocken abscheiden. Setzt man alsdann 30 ccm Salzsäure und 10 g Natriumchlorid hinzu, schüttelt, läßt darauf ruhig stehen, so sammelt sich die ölartige Kresolschicht oben an; diese soll 8,5—9 cm betragen." Da außer dieser, die Klarlöslichkeit und den Wassergehalt betreffenden Bestimmungen keine anderen Anforderungen an das Kresol D A.B. IV gestellt werden, kann dieses in seiner Zusammensetzung in ziemlich weiten Grenzen wechseln. Es stellt die seit jeher bei der Fabrikation des krystallisierten Teerphenols abfallenden, flüssig bleibenden Erzeugnisse dar und wird daher auch als 100 proz. flüssige Carbolsäure bezeichnet. In dieser Form dient das Kresol in erster Linie für Desinfektionszwecke, wobei man es, wegen seiner geringen Wasserlöslichkeit, durch Zusatz von Kaliseife (als Kresolseifenlösung) oder in anderer Weise entweder löslich oder emulgierbar macht. Derartige Präparate sind auch: Lysol, Solutol, Kresotinkresol u. a. m.

2. Kresol D.A.B. V. Dieser neuere Typ ist entstanden, nachdem man erkannt hat, daß von den drei Isomeren die Metaverbindung hinsichtlich ihrer keimtötenden Eigenschaften die wirkungsvollste ist. Da es nun, wie wir gesehen haben, sehr wohl ausführbar ist, das Orthokresol durch Fraktionieren auszuscheiden und ein im wesentlichen aus Meta- und Parakresol bestehendes Gemisch zu erhalten, bevorzugt man letzteres für pharmazeutische Zwecke und fordert für diese einen Gehalt an 50% m-Kresol. Folgendes sind die Bestimmungen der Pharmakopöe neben den schon in der IV. Ausgabe (siehe oben) gestellten Anforderungen: „Unterwirft man 50 g rohes Kresol aus einem Destillierkölbchen von ungefähr 70 ccm Inhalt der Destillation,

---

[1] Deutsches Arzneibuch, Ausgabe IV.

so müssen mindestens 46 g zwischen 199° und 204° übergehen. Gehaltsbestimmung: In einem weithalsigen Kolben von etwa 1 l Inhalt erhitzt man 10 g rohes Kresol und 30 g Schwefelsäure 1 Stunde lang auf dem Wasserbade. Das Gemisch kühlt man auf Zimmertemperatur ab, fügt 90 ccm rohe Salpetersäure hinzu und löst sofort durch behutsames Umschwenken. Nach Beendigung der nach etwa 1 Minute eintretenden, heftigen Reaktion läßt man den Kolben noch 15 Minuten lang stehen, gießt dann den Inhalt in eine Porzellanschale, die 40 ccm Wasser enthält, und spült den Kolben mit ebensoviel Wasser nach. Nach 2 Stunden zerkleinert man die entstandenen Krystalle mit einem Pistill, bringt sie auf ein Saugfilter und wäscht in kleinen Anteilen mit 100 ccm Wasser, die man vorher zum Ausspülen des Kolbens und der Schale benützt hat, nach. Die Krystalle werden mit dem Filter 2 Stunden lang bei 100° getrocknet und nach dem Erkalten gewogen, wobei man ein Filter von gleicher Größe als Gegengewicht benutzt. Die Menge des so erhaltenen Trinitro-m-Kresols muß mindestens 8,7 g betragen; sein Schmelzpunkt darf nicht unter 105° liegen[1].

Das Metakresol nimmt unter den drei Isomeren noch in einer anderen Beziehung eine Sonderstellung ein, denn es ist allein dasjenige, welches bei der Nitrierung (siehe obige Analysevorschrift) in eine krystallisierte, der Pikrinsäure sehr ähnliche Trinitroverbindung übergeht. Man hat daher auch in Zeiten, wo die Menge des Phenols den Bedarf der Sprengstoffindustrie zur Darstellung von Pikrinsäure nicht zu decken vermochte, das Metakresol zur Gewinnung hoch nitrierter, pikrinsäureähnlicher Erzeugnisse herangezogen und seine Trinitroverbindung unter der Bezeichnung Kresylit für den erwähnten Zweck verwendet.

Während die bearbeitbaren Kunstharze vom Charakter des Bakelits vorzugsweise aus Phenol herzustellen sind, hat man die Kesole durch geeignete, in zahlreichen Verfahren modifizierte Kondensation mit Formaldehyd sowohl in lösliche als auch unlösliche Harze übergeführt, welche entweder als Schellack- oder Kopalersatz in den Handel gelangten, oder aber in der Elektrotechnik für Isolierungen, sowie zur Herstellung von Knöpfen und ähnlichem Verwendung fanden. Da der chemische Mechanismus dieser Reaktion noch nicht aufgeklärt ist, finden sich in zahlreichen, patentrechtlich geschützten Vorschlägen die verschiedenartigsten Verfahren, um dem aus Kresol und Formaldehyd äußerst leicht entstehenden Harz die eine oder andere besondere Eigenschaft zu geben, oder Mängel der Erzeugnisse, wie anhaftenden Kresolgeruch, dunkle Farbe u. dgl. zu beseitigen.

Für viele Zwecke dieser neueren Industrie ist das Kresol D.A.B. IV bereits ein geeignetes und auch vielfach verwendetes Ausgangsmaterial, doch scheint nach den Vorschlägen der Chemischen Fabrik von Dr. *K. Albert* und Dr. *Berend* (D.R.P. Nr. 301 374 und 304 384) auch für diesen Prozeß das Metakresol eine bevorzugte und besonders günstige Stellung einzunehmen.

---

[1] In dieser von *F. Raschig* ausgearbeiteten Vorschrift wird im Original die Stärke der verwendeten Schwefelsäure mit 66° Bé sowie der Salpetersäure mit 40° Bé angegeben. Zeitschr. f. angew. Chem. **13**, 759 (1900).

Nach der P.A.C. 26 859[1] der gleichen Firma hat andererseits das technische Xylenol die bemerkenswerte Eigenschaft, Harze zu geben, welche in Leinöl löslich und daher für die Lackindustrie wichtig sind.

3. Reinkresole. Die bisher geschilderten neueren Verwendungszwecke des Kresols haben ihren Einfluß auf die Carbolsäureindustrie dahin geltend gemacht, daß letztere sich wenigstens zu einer teilweisen Trennung des technischen Gemisches in seine Einzelindividuen entschloß. Sinngemäß suchte man gleichzeitig auch die Verwendungsgebiete der drei getrennten Kresole, besonders der beiden Begleiter des in dieser Beziehung bevorzugten Metakresols zu erweitern. In diesem Zusammenhang seien folgende Vorschläge erwähnt: Die Farbenfabriken vorm. *Friedr. Bayer* kondensieren o-Kresol mit Formaldehyd zu einem vollkommen geruchlosen Harz (D.R.P. Nr. 201 261). Für den gleichen Zweck verwenden o-Kresol die Firmen *Louis Blumer* in Zwickau (D.R.P. Nr. 206 904) sowie *Knoll & Co.* (D.R.P. Nr. 219 728). Die *Badische Anilin- und Soda-Fabrik* gewinnt nach ihrem D.R.P. Nr. 265 415 gerbstoffähnliche Kondensationsprodukte aus o-Kresolsulfosäure. Nach *F. Raschig* (D.R.P. Nr. 233 631) lassen sich Ortho- und Parakresol in Form ihrer Kohlensäure oder Phosphorsäureester chlorieren und durch vollkommene Verseifung der erhaltenen Chloride in o- und p-Oxybenzaldehyd überführen.

d) Analyse des Mittelöles und seiner Bestandteile.

1. Mittelöl. Die Untersuchung des rohen wie des auskrystallisierten Öles erstreckt sich auf die Ermittelung einiger allgemeiner Konstanten, wie spez. Gewicht und Siedepunkt den Phenol- und Basengehalt, sowie auf den Gehalt an den Handelserzeugnissen Phenol und Kresol.

Man bestimmt das spez. Gewicht in üblicher Weise mittels Aräometer oder *Mohr*scher Wage. Bei unauskrystallisierten Ölen ist man gezwungen, diese Konstante bei höherer Temperatur (etwa 50°) zu ermitteln. Zwecks Umrechnung der so gefundenen Zahl auf das spez. Gewicht bei 15° addiert man zu ersterer das Produkt aus der Differenz der Versuchstemperatur gegen die Normaltemperatur und dem Faktor 0,0008. Der für die Beurteilung des Mittelöls wie jedes anderen Teeröles in erster Annäherung außerordentlich brauchbare Siedepunkt wird durch das beim Benzol ausführlich beschriebene Verfahren ermittelt. Zweckmäßig ersetzt man indessen bei diesem und allen anderen stark krystallisierenden Ölen den *Liebig*schen Wasserkühler durch einen Luftkühler von gleicher Weite und Länge. Bei einiger Geschicklichkeit gelingt es, die Temperatur des Destillates so hoch zu halten, daß letzteres im graduierten Zylinder aufgefangen und seiner Menge nach abgelesen werden kann. (Sinngemäß muß dann natürlich auch die Füllung der Siedepunktsblase in dem vorzulegenden Zylinder im aufgeschmolzenen Zustand abgemessen werden.) (Fig. 20.)

Den Naphthalingehalt des Rohöles bestimmt man wie folgt: In einem Porzellanbecher werden 100 ccm des Rohöles unter Umrühren und Einstellen

---

[1] Zurückgezogen.

des Bechers in kaltes Wasser auf 15° abgekühlt. Das ausgeschiedene Naphthalin wird hierauf mit der Saugpumpe schnell vom Öl getrennt und durch Aufstreichen auf einen porösen Tonteller von 150 mm Durchmesser von den letzten Resten Öl befreit. Nach 2 Stunden wird das Naphthalin mit einem Spatel abgenommen und gewogen.

Auch bezüglich der Bestimmung der Phenole und Basen kann auf das beim Leichtöl Gesagte verwiesen werden. In Rücksicht auf den hohen Gehalt des Mittelöls an Phenolen ist es hier nicht angezeigt, wie beim Leichtöl, sich des in der Siedepunktsbestimmung gewonnenen Destillates zur Ermittlung des Phenolgehaltes zu bedienen, sondern man muß das Öl, so wie es vorliegt, zur Analyse verwenden. Ist ein Gehalt von mehr als 35% an Phenolen (wie bei manchen Carbolölen) zu erwarten, würde die Menge der anzuwenden-

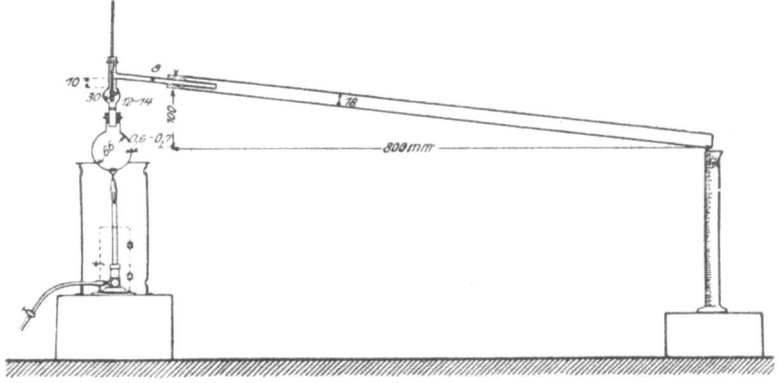

Fig. 20. Apparat zur Bestimmung des Siedepunktes von Teerölen.

den Lauge von 150 ccm zur völligen Extraktion nicht ausreichen. Es empfiehlt sich dann, die Analyse nur mit 50 ccm Öl anzustellen und das Ergebnis auf 100 ccm umzurechnen. Die nach dem Ausziehen der Phenole häufig auftretenden, störend wirkenden Naphthalinausscheidungen werden zweckmäßig durch Zusatz einiger Kubikzentimeter Xylol in Lösung gebracht.

Häufig ist es von Interesse, den Gehalt des Mittelöles an verkaufsfertigem Phenol und Kresol kennenzulernen bzw. das Ausbringen an diesen beiden Erzeugnissen zu ermitteln. Man bedient sich hierzu folgenden Verfahrens: 2 kg des vom Naphthalin befreiten Öles werden in einer Metallblase mit aufgesetzter 20 cm langer Perlkolonne der Fraktionierung unterworfen (ähnlich wie bei der Bestimmung des Benzolgehaltes in den Rohbenzolen) und die hierbei bis 220° übergehenden Anteile wie folgt aufgearbeitet: Man extrahiert zunächst durch Natronlauge, spez. Gewicht 1,1, sämtliche in dem Öle enthaltene Phenole, dampft die Phenolnatronlösung auf dem Wasserbade klar und fällt durch Neutralisation mit Schwefelsäure von 60° Bé das Rohphenol aus. Letzteres (etwa 300 ccm) wird nunmehr aus einem Rundkolben oder besser einer Metallblase einer Fraktionierung unterworfen, wobei eine Glasperlkolonne von 300 mm hoher Füllung und 40 mm lichter Weite zur

Anwendung gelangen soll. Die übergehenden Dämpfe werden zunächst durch einen Wasserkühler kondensiert, der aber, sobald die Entwässerung beendet ist, durch einen trockenen Luftkühler von 800 mm Länge zu ersetzen ist. Die Destillationsgeschwindigkeit beträgt 1 Tropfen in 3 Sekunden. Abgenommen wird: 1. Wasser und Vorlauf, bis das wie üblich eingestellte Thermometer die Temperatur von 180° zeigt; 2. Phenolfraktion bis 191°; 3. die über 191° übergehende Fraktion. Diese kann als Kresol in Rechnung gestellt werden. Der unter 1. gewonnene Vorlauf wird besonders aufgefangen und (abzüglich Wasser) der Menge nach der Fraktion 2 zugezählt. Von der Fraktion 2 wird

Übersicht VIII.

Phenolgehalt im technischen Phenol-Kresolgemisch nach *F. Raschig*.

E.-P.	Ph.	E.-P.	Ph.	E.-P.	Ph.
9,5	47,3	20,0	65,1	30,5	83,0
10,0	48,1	20,5	66,0	31,0	83,8
10,5	49,0	21,0	66,8	31,5	84,7
11,0	49,8	21,5	67,7	32,0	85,5
11,5	50,7	22,0	68,5	32,5	86,4
12,0	51,5	22,5	69,4	33,0	87,2
12,5	52,4	23,0	70,2	33,5	88,1
13,0	53,2	23,5	71,1	34,0	88,9
13,5	54,1	24,0	71,9	34,5	89,8
14,0	54,9	24,5	72,8	35,0	90,6
14,5	55,8	25,0	73,6	35,5	91,4
15,0	56,6	25,5	74,5	36,0	92,3
15,5	57,5	26,0	75,3	36,5	93,2
16,0	58,3	26,5	76,2	37,0	94,0
16,5	59,2	27,0	77,0	37,5	94,9
17,0	60,0	27,5	77,9	38,0	95,7
17,5	60,9	28,0	78,7	38,5	96,6
18,0	61,7	28,5	79,6	39,0	97,4
18,5	62,6	29,0	80,4	39,5	98,3
19,0	63,4	29,5	81,3	40,0	99,1
19,5	64,3	30,0	82,1	40,5	100,0

der Erstarrungspunkt bestimmt und nach Übersicht VIII aus diesem der Gehalt an Phenol und Kresol errechnet. Zur Kontrolle empfiehlt es sich, den Erstarrungspunkt der Fraktion 2 nochmals nach dem Entwässern zu nehmen. Letzteres erfolgt in einfacher Weise dadurch, daß etwa 100 ccm zum Sieden gebracht werden, bis das Wasser durch Auskochen entfernt ist. Von dem hierbei verbleibenden Rückstand wird sodann der Erstarrungspunkt bestimmt.

2. **Phenol.** Abgesehen von der — eigentlich selbstverständlichen — Klarlöslichkeit in Natronlauge, die man leicht durch Lösen einer Probe in überschüssiger Natronlauge vom spez. Gewicht 1,1 ermittelt, bestimmt man vom Phenol ausschließlich den Erstarrungspunkt, nach welchem das Handelserzeugnis auch bewertet wird. Um diese Untersuchung auszuführen, werden etwa 50 ccm Phenol in einem weithalsigen Glas im Wasserbade ge-

schmolzen und unter Umrühren mit einem in $^1/_{10}$ Grade geteilten Thermometer in kaltem Wasser langsam abgekühlt. Sobald die Ausscheidung von Krystallen erfolgt, pflegt die Temperatur wieder etwas zu steigen, um (unter fortgesetztem Rühren) nach einiger Zeit für längere Dauer konstant zu werden. Die dann abgelesene Temperatur bezeichnet man als den Erstarrungspunkt des Phenols. Da bei Ausführung dieser Bestimmung häufig Unterkühlung beobachtet wird, empfiehlt es sich, sobald die Temperatur des zu erwartenden Erstarrungspunktes erreicht ist, den Inhalt des Gläschens mit einem kleinen Phenolkrystall zu impfen. Selbst sehr geringe Mengen Wasser vermögen übrigens den Erstarrungspunkt des Phenols recht erheblich zu drücken, was bei der Gewinnung und Bewertung der technischen Erzeugnisse berücksichtigt werden muß.

3. Kresol. Die Untersuchung der Kresole erstreckt sich auf Klarlöslichkeit, Siedepunkt und (im Falle des Kresols D.A.B.V.) auf ihren Gehalt an Metakresol. Die Ausführung dieser Bestimmungen wurde bereits bei den (S. 94 u. 95) wiedergegebenen Anforderungen der beiden deutschen Arzneibücher erwähnt. Die dort beschriebene Siedepunktsbestimmung aus einem Glaskölbchen kann zweckmäßig durch die wiederholt erwähnte Bestimmung mit Hilfe der Kupferblase ersetzt werden.

e) Handelscarbolsäuren.

Unter dieser etwas merkwürdigen Bezeichnung finden sich im Handelsverkehr Teeröle mit wechselndem, gewöhnlich von 15—60% sich erstreckendem Gehalt an Phenolen, welche für rohe Desinfektionszwecke Verwendung finden. Man erhält diese Erzeugnisse aus den Nachläufen, welche bei der Fraktionierung des Mittelöles den Carbolölen folgen, indem man sie vom Naphthalin durch Auskühlen befreit und durch Redestillation ihren Gehalt an sauren Ölen (in diesem Falle Kresole und Xylenole) anreichert. Es gelingt so, Öle herzustellen, welche bis 45, ja 50% Phenole enthalten, man begnügt sich aber auch häufig, sie in geringwertigerer Form als 20% oder selbst nur 15—20% Phenole enthaltende Erzeugnisse in den Handel zu bringen. In seltenen Fällen setzt man diesen Ölen zur weiteren Steigerung ihres Phenolgehaltes Kresol zu und unterscheidet dann Handelscarbolsäuren mit beliebigem, aber gewährleisteten Gehalt an sauren Ölen. Im Zusammenhang mit diesen Präparaten steht der im Handel hier und da angetroffene Carbolkalk, welcher gewonnen wird, indem man Staubkalk mit hochwertigen Handelscarbolsäuren behandelt, so daß (scheinbar) trockenes, schwach carbolhaltiges Pulver erhalten wird, welches gleichfalls für rohe Desinfektionszwecke in Form von Streupulver Verwendung findet.

H. Das Schweröl.
a) Eigenschaften und Zusammensetzung.

Das Schweröl, welches in einer Menge von 8—10% vom Teer zu entfallen pflegt, wurde bereits oben als typische Zwischenfraktion bezeichnet. Damit soll zum Ausdruck gebracht werden, daß es, um seine wertvollen und verwendbaren Bestandteile zu gewinnen, zunächst einer Redestillation unterworfen werden muß, bei welcher ebensowohl erhebliche Anteile von gleicher oder ähnlicher Zusammensetzung, wie gewisse Fraktionen des Mittelöles, als auch Nachläufe und Rückstände, die in den Bereich des Anthracenöls gehören, gewonnen werden. Frisch dargestellt, bildet es ein schwach grünliches, ziemlich dünnflüssiges Öl vom spez. Gewicht 1,03—1,04, dessen Hauptanteil zwischen 220 und 300° übergeht und welches beim Abkühlen erhebliche Mengen weicher, undeutlich krystallinischer Massen abscheidet. Letztere, etwa 15—20% des Rohöles ausmachend, bestehen in der Hauptsache aus Naphthalin, dem indessen noch andere feste Bestandteile, wie Acenaphten,

Übersicht IX. Zusammensetzung eines Schweröls aus Kokereiteer.

Gruppe	%	Bestandteil	%	Siedegrenze etwa
Phenole	9,0	Kresole	1,5	194—205
		Xylenole	3,4	205—215
		Höhere unbekannte Homologe	4,1	215—300
Basen	3,0	Hochsiedende Pyridine	0,1	200—235
		Chinolinhaltige Basen	0,6	235—245
		Homologe u. Analoge des Chinolins	2,3	245—300
Kohlenwasserstoffe und andere neutrale Bestandteile	88,0	Schwerbenzol	4,0	200—230
		Naphthalin	26,3	218
		Methylnaphthalinhaltige Öle	5,8	230—250
		Dimethylnaphthalinhaltige Öle	5,9	250—265
		Acenaphtenhaltige Öle	3,6	265—275
		Fluoren- u. biphenylenoxydhaltige Öle	9,8	275—300
		Anthracenhaltige Öle	24,7	über 300
		Thionaphten, Indol, Indene, Cumarone und andere Begleiter	7,9	—
			100,0	

Fluoren u. a. m., beigemischt sind. Die flüssigen Anteile des Schweröles, von etwa dem gleichen Siedepunkt und spez. Gewicht wie das Rohöl, enthalten 10—20% Phenole und 2—3% Basen und dürften nur in den seltensten Fällen getrennt von den festen Ausscheidungen unmittelbar weiter verarbeitet werden. Über die zahlreichen Bestandteile des Schweröles, welche außerordentlich verschiedener Natur sind, herrschte — abgesehen von dem wohlcharakterisierten und gut untersuchten Naphthalin — jahrzehntelang große Unsicherheit; die Forschung der letzten 15 Jahre hat indessen in dieser Beziehung viel Aufklärung gebracht, so daß jetzt die Zusammensetzung des Schweröles im wesentlichen als bekannt angenommen werden kann. Nach Gruppen verschiedenen chemischen Charakters geordnet, finden sich in dieser Fraktion im wesentlichen folgende Bestandteile:

α) Kohlenwasserstoffe: Naphthalin, α- und β-Methylnaphthalin, Diphenyl 1,6; 2,6; 2,7; 2,3-Dimethylnaphthalin, Acenaphten, Fluoren, Methylfluoren.

Das Schweröl. 101

β) Phenole: Benzophenol, o-, m-, p-Kresol, verschiedene Xylenole und höhere Homologe.

γ) Basen: Homologe Pyridine; Chinolin, Isochinolin und Homologe beider.

δ) Heterocyclische, neutrale Verbindungen: Thionaphthen, Indol, Biphenylenoxyd.

Selbstverständlich sind die Mengen, in denen diese Körper im Schweröl auftreten und infolgedessen ihre technische Bedeutung recht verschieden. Übersicht IX gibt einen annähernden Einblick in ihre quantitative Verteilung.

b) Aufarbeitung im Betrieb.

Wie bereits kurz erwähnt, wird das Schweröl, infolge seiner uneinheitlichen Zusammensetzung, in weitaus den meisten Fällen zunächst einer Redestillation unterworfen, welcher vor allem die Aufgabe erwächst, die naphthalinhaltigen Öle in genügender Reinheit abzuscheiden. Das aus dem Rohöl krystallisierende Naphthalin läßt sich, im Gegensatz zu dem beim Mittelöl üblichen Verfahren, nicht unmittelbar auf versandfähiges Rohnaphthalin und noch weniger auf Reinnaphthalin verarbeiten; denn es ist meist durch fremde Kohlenwasserstoffe stark verunreinigt, von schmieriger Beschaffenheit, gibt sein anhaftendes Öl nur unvollkommen ab und würde in den Zentrifugen und Pressen sich nur schwierig verarbeiten lassen. Man verzichtet daher auf eine Trennung der festen und flüssigen Anteile des Rohöles und unterwirft letzteres zunächst der Destillation, welche aus größeren Blasen oder aus Teerretorten vorgenommen wird. Von Vorteil ist es, hierbei, ähnlich dem Arbeitsgang bei der Aufarbeitung des Mittelöles, mit Hilfe einer eingeschalteten Kolonne die Fraktionierung des Öles so weit als möglich zu treiben. In vielen Fällen wird aber ein für die betreffende Anlage brauchbares Naphthalin auch bereits erzielt, wenn die Destillation ohne Kolonnenaufsatz erfolgt; sofern der Destillateur nur ein überstürztes Abtreiben des Retorteninhaltes zu vermeiden versteht. Bezüglich der Einrichtung und Handhabung derartiger Rohöldestillationen kann auf das im Kapitel „Mittelöl" Gesagte verwiesen werden. Bei dieser ersten Aufarbeitung pflegt man die das Naphthalin enthaltenden Öle als erste, bis etwa 260° übergehende Fraktion abzunehmen, während alle höher siedenden Anteile, mit Ausschluß der anthracenhaltigen Blasenrückstände, in eine einzige, nur noch geringe, minderwertige Ausscheidungen gebende Fraktion zusammengefaßt werden. Nachdem die Naphthalinöle in den Kühlhäusern ihr Naphthalin abgegeben haben, können dessen ölige Begleiter (sog. Naphthalinöl auskrystallisiert) entweder als solche bei der Zusammensetzung der technischen Öle Verwendung finden oder man unterwirft sie einer erneuten Fraktionierung. Hierbei sind meist noch Carbolöle sowie die oben erwähnten Handelscarbolsäuren zu gewinnen; außerdem werden aber auch weitere, geringe Mengen eines sehr gut verarbeitbaren Rohnaphthalins bei dieser Aufarbeitung mit erhalten.

c) Das Naphthalin.

1. Betriebsgang und Apparate. Seitdem das Naphthalin vielfach als Brennstoff Verwendung findet, begnügen sich viele Anlagen damit, dieses Teererzeugnis im rohesten Zustand als sog. „abgetropftes Rohnaphthalin" zu gewinnen und in den Handel zu bringen. Eine etwas weitergehende Reinigung wenden diejenigen Hersteller an, welche durch Abpressen ein ölfreies Preßgut erzeugen, das in den letzten Jahren Gegenstand des Großhandels geworden ist. Der Rest des Naphthalins endlich wird in Reinnaphthalin übergeführt, dessen Herstellung früher fast die einzige Verwertungsmöglichkeit des Naphthalins bot. Infolge dieser Verhältnisse gestaltet sich die Aufarbeitung des Naphthalinöles in den Teerdestillationen recht verschiedenartig, durchläuft aber, auch wenn die Reinware das Enderzeugnis bildet, als Vorstufen die Gewinnung sowohl des Tropf- als auch des Preßgutes.

Die Naphthalinöle gelangen aus der Destillation in bereits beim Mittelöl erwähnte Kühlhäuser, wo sie in schmiedeeisernen Kästen auskrystallisieren. Das von den festen Krystallmassen ablaufende Öl wird in Druckkessel abgelassen, aus welchen es in größere Vorratsbehälter oder zu den Destillationsanlagen zurückbefördert wird. Die Krystalle werden von Hand ausgeworfen und gelangen in den meisten Fällen auf eine Tropfbühne, auf welcher sie weitere Mengen Öl beim Lagern verlieren. Die Aufarbeitung dieses abgetropften Rohnaphthalins, welches, wie erwähnt, häufig als solches in den Handel gelangt, auf Reinware besteht zunächst in einer soweit wie möglich getriebenen Abscheidung aller den Krystallen noch anhaftenden, öligen Anteile. Das hierbei angewendete Verfahren ist in beträchtlichem Maße abhängig von der Beschaffenheit des Rohnaphthalins: Entstammt dies gut vorfraktionierten Ölen, so kann es meist ohne weiteres abgepreßt werden, bei geringwertigeren Rohstoffen schaltet man häufig vor dem Pressen noch eine Behandlung in der Zentrifuge ein, welche weitere Mengen Öl durch Ausschleudern entfernt und dadurch die Wirksamkeit der Presse unterstützt. Welches Verfahren einzuschlagen ist, kann lediglich durch fachmännische Beurteilung des zur Verfügung stehenden Rohnaphthalins entschieden werden. Die Einrichtung und Handhabung der Zentrifugen darf als bekannt vorausgesetzt werden. Die Naphthalinpressen wurden früher nach dem Vorbild der Paraffinpressen als Stangenpressen mit quadratischen, heizbaren Platten und eingelegten Preßtüchern gebaut. Heute verwendet man meist Seiherpressen, die aus der Technik der Gewinnung vegetabilischer Öle übernommen worden, sind und neben anderem den Vorteil haben, ohne Preßtücher zu arbeiten (Fig. 21). Das Rohnaphthalin wird vor dem Pressen gewöhnlich schwach angewärmt, in den Seiher zwischen Stahlplatten eingefüllt und bei 250 bis 300 Atm hydraulisch abgepreßt. Das noch stark naphthalinhaltige Öl — der Preßrückstand läuft durch die Lochung des Seihers ab — wird in einem heizbaren Kessel gesammelt und durch erneute Destillation wieder zugute gebracht. Die Preßkuchen, welche ein praktisch ölfreies Erzeugnis darstellen, werden aus dem Seiher durch einen hydraulisch betriebenen

Kolben ausgestoßen und entweder als solche in den Handel gebracht (Warmpreßgut) oder zwecks Verarbeitung auf Reinnaphthalin der „Wäsche" zugeführt. Analog dem Rohbenzol, welches zu seiner Überführung in gereinigtes Handelsbenzol einer der Schlußdestillation vorausgehenden Behandlung mit Natronlauge und Schwefelsäure bedarf (Seite 59), muß auch das Naphthalin, wofern es den Anforderungen des Handels an seinen Reinheitsgrad genügen soll, einer chemischen Reinigung unterworfen werden, welche seine störenden Begleiter entfernt bzw. in eine leicht abscheidbare Form überführt. Zunächst enthält das Rohprodukt selbst nach dem Warmpressen noch geringe Spuren von Phenolen und Basen, welche ausgezogen werden müssen, sodann aber als typische Naphthalinbegleiter geringe Mengen verharzbare Substanzen (wahrscheinlich homologe Cumarone und Indene) und endlich das dem Naphthalin in seinem Verhalten außerordentlich ähnliche Thionaphten. Tritt dieses im Reinnaphthalin in etwas größerer Menge auf, so löst sich der Kohlenwasserstoff in Schwefelsäure nur mit stark dunkelroter Farbe, und bei seiner Verarbeitung auf die Zwischenprodukte der Farbenfabrikation, wie Naphthol und Naphthylamin, wird sowohl die Ausbeute an letzteren als auch deren Beschaffenheit ungünstig beeinflußt. Während die Phenole des Rohnaphthalins durch Ausziehen mit Lauge in üblicher Weise entfernt werden, bewirkt man die Beseitigung aller übrigen Naphthalinbegleiter durch eine Behandlung mit kleineren Mengen konzentrierter Schwefelsäure.

Fig. 21. Naphthalinpresse.

Diese führt
1. die basischen Verunreinigungen in Sulfate über, welche mit der Abfallsäure entfernt werden;
2. verharzt sie alle ungesättigten Verbindungen (wie Cumarone und Indene);
3. bildet sie mit dem größten Teil des äußerst leicht sulfurierbaren Thionaphtens eine Sulfosäure, welche gleichfalls in die Abfallsäure übergeht.

Da das Naphthalin in geschmolzenem Zustand der Schwefelsäurewäsche unterzogen werden muß, letztere also bei höherer Temperatur verläuft, sind geringe Naphthalinverluste durch Sulfurierung nicht zu vermeiden. Es gelingt aber — selbstverständlich unter Berücksichtigung des Reinheitsgrades des angewandten Preßgutes —, die Menge der Schwefelsäure so zu bemessen, daß im wesentlichen nur die unter 1. bis 3. genannten Prozesse in der Wäsche verlaufen. Zum Schluß folgt dann eine Destillation, welche zwecks Abtrennung der im Naphthalin gelöst gebliebenen Harze und zur Erzielung einer weißen Farbe des Verkaufserzeugnisses erforderlich wird.

Die Naphthalinwäsche nimmt man in Rührgefäßen vor, welche den bei der Reinigung des Rohbenzols angewendeten Apparaten (Abb. 19) durchaus entsprechen, nur müssen sie im Falle des Naphthalins heizbar sein; oder es muß in anderer Weise dafür gesorgt werden, daß die Temperatur des Wäscherinhaltes während der Arbeit nicht unter 80° sinkt. Da die Destillation — eine genügende Reinheit des Preßgutes vorausgesetzt — nicht gleichzeitig eine Fraktionierung zu sein braucht, genügen zu ihrer Ausführung Blasen oder Retorten, wie sie auch für die Destillation von Teerölen, ja selbst von Rohteer Verwendung finden und mehrfach beschrieben wurden. Die Heizung kann durch freies Feuer und unter gewöhnlichem Druck erfolgen; doch ist wiederholt auch die Destillation des Naphthalins im Vakuum und aus Dampfblasen durchgeführt worden.

2. **Handelserzeugnisse, Verwendungszwecke, Statistik.** Bereits oben wurden die Formen, unter denen das Naphthalin in den Handel gelangt, flüchtig erwähnt. An das Feuerungsnaphthalin stellt man keine anderen Anforderungen, als daß es gut abgetropft und infolgedessen lose verladbar sein soll. Eine mäßige Verunreinigung mit anderen festen Kohlenwasserstoffen, selbst mit Rohanthracen, schadet seiner Verwendung als Brennstoff nicht, nur darf man billigerweise verlangen, daß es noch mittels Dampfschlange schmelzbar ist und bei seiner Verflüssigung keine unschmelzbaren Massen zurückläßt.

Das Warmpreßgut soll im allgemeinen einen Erstarrungspunkt nicht unter 79°, für motorische Zwecke nicht unter 78° aufweisen; sein Wassergehalt soll nicht über 1% betragen; bei Verwendung in Naphthalinmotoren muß es sich bis auf einen Rückstand von höchstens 0,03% in Xylol restlos auflösen. Für diese Zwecke wird das Preßgut daher besonders gereinigt und gelangt häufig in Brikettform, welche seine bequeme Handhabung gewährleistet, in den Handel.

Über die Anforderungen an das Reinnaphthalin, welches in der Farbenindustrie weiter verarbeitet wird, wichen die Ansichten der Abnehmer früher ziemlich voneinander ab. Dazu kamen oft Beschaffenheitsbedingungen, auf welche der Erzeuger kaum einen Einfluß hatte, die den Handelsverkehr aber zu erschweren geeignet waren. Normale Betriebsverhältnisse, wie sie zweifellos in den meisten deutschen Teerdestillationen herrschen, vorausgesetzt, kann man den Reinheitsgrad dieses Erzeugnisses völlig genügend durch den Erstarrungspunkt und durch die Schwefelsäurereaktion charakterisieren und ein Naphthalin als gute Reinware bezeichnen, dessen Erstarrungspunkt nicht unter 79,6° liegt und das sich in reiner, konzentrierter Schwefelsäure höchstens schwach rosa auflöst (Ausführung der Untersuchung siehe unter 3.). Für gewisse Zwecke gelangt das Reinnaphthalin in Form von Kugeln (als luftverbesserndes, schwach desinfizierendes Mittel) und von Schuppen (zur Konservierung von Pelzen u. dgl.) in den Handel. Erstere werden aus gemahlenem Reinnaphthalin durch Spezialpressen erzeugt; letztere — zeitweilig ein vielbegehrter Handelsgegenstand — werden durch Sublimation der Reinware hergestellt. Trotz der großen Neigung des Naphthalins, in glänzenden Blättchen zu sublimieren, ist die betriebsmäßige Gewinnung großer Schuppen nicht immer einfach. Sie erfordert vor allem Zeit und ein richtiges Verhältnis des Rauminhaltes der Sublimationskammer zu der zu sublimierenden Naphthalinmenge. Letztere wird in einem Gefäß mit großer Verdunstungsoberfläche erhitzt, und die durch einen schwachen Luftzug mitgeführten Dämpfe werden in eine mit Holz ausgeschlagene Kammer geleitet, in welcher sie sich in Form großer, silberglänzender Krystallblätter niederschlagen. Andere Anforderungen, als eine rein weiße Farbe, reinen — nicht stechenden — Geruch und gutes äußeres Aussehen, stellt man nicht an dieses Erzeugnis.

Die Verwendungszwecke des Naphthalins haben in den letzten Jahren bemerkenswert an Ausdehnung gewonnen. Während in früheren Zeiten der Entfall des Naphthalins und seine beschränkte Absatzmöglichkeit oft eine Sorge der Teerdestillationen war, dürfte die Befürchtung, unverkäufliche Lagermengen anhäufen zu müssen, für immer verschwunden sein, nachdem man in der Verwendung dieses Erzeugnisses als Heizstoff eine nie versagende Möglichkeit seiner Verwertung gefunden hat. In den später zu beschreibenden Anlagen zur Verfeuerung von Teeröl läßt sich, in gleicher Weise wie dieses, auch Naphthalin unter Dampfkesseln, Destillationsblasen, in Wärmeöfen usw. verbrennen, wofern man nur dafür Sorge trägt, daß der Kohlenwasserstoff vor seinem Eintritt in die Verbrennungsdüsen auf etwa 100—120° erhitzt wird. Es gelingt dann, ihn selbst durch enge — isolierte — Rohrleitungen aus den Vorratskästen zu seiner Verwendungsstelle zu führen, wo er mit stark leuchtender, aber nicht rußender Flamme verbrennt. In diesem Zusammenhange ist auch seine Verwendung in Explosionsmotoren besonderer Bauart zu erwähnen, in welchen er in geschmolzenem Zustand verstäubt und mit Luft gemischt zur Verbrennung gebracht wird[1]. Ein Teil des Rohnaphthalins wird, ähnlich anderen Ölrückständen, auch zur Erzeugung von Ruß verwendet. Das abgepreßte Rohnaphthalin, im Handel häufig als Warmpreßgut bezeichnet, wurde in großem Maßstab auf die vor allem als Ausgangsmaterial für Indigo wichtige Phthalsäure nach dem Verfahren der *Badischen Anilin- und Soda-Fabrik* verarbeitet. Neuerdings dient es hauptsächlich zur Erzeugung von hydrierten Naphthalinen (Tetralin und Dekalin), welche als Lösungs- und Treibmittel in den Handel mit großem Erfolg eingeführt worden sind. Die Hydrierung des Naphthalins erfolgt hierbei katalytisch durch molekularen Wasserstoff, nachdem ersteres von gewissen Kontaktgiften (als welches in erster Linie das Thionaphten in Frage kommt) befreit worden ist[2]. Sehr weit zurück reicht die Verwendung des Reinnaphthalins zur Erzeugung von Ausgangsstoffen für die Farben- und Präparatenindustrie, insbesondere von Naphthol und Naphthylamin sowie deren Derivaten. Der Bedarf für die Herstellung dieser Körper hat vor dem Kriege zeitweilig fast die gesamte

---

[1] Die *Gasmotorenfabrik Deutz* baute 1907 den ersten brauchbaren Naphthalinmotor.
[2] D.R.P. Nr. 324 862 und 324 863 der *Tetralin G. m. b. H.* (Prof. *Schroeter*).

Naphthalinerzeugung Deutschlands in Anspruch genommen, ist aber begreiflicherweise von der wirtschaftlichen Lage des Farbstoffmarktes in hohem Maße abhängig.

Die Erzeugungsmöglichkeit für Naphthalin beträgt etwa 5% vom Rohteer, wird aber nicht völlig durch die tatsächliche Erzeugung erschöpft. Zurzeit dürften in Deutschland rund 40 000 t jährlich an Naphthalin gewonnen werden, die bei der außerordentlich schwankenden Geschäftslage der letzten Jahre bald in der einen, bald in der anderen Form in den Handel und zur Verwendung gebracht wurden. Der Verbrauch von Reinnaphthalin in den Farbenfabriken ist gegen früher stark zurückgegangen, dürfte durchschnittlich aber etwa noch 20 000 t jährlich betragen. Auch die Aufnahmefähigkeit der Hydrierungsindustrie hat stark geschwankt, bewegt sich aber etwa zwischen 12 bis 15 000 t jährlich. Der Rest des Naphthalins ist größtenteils in Feuerungen und Motoren verbrannt, in geringerem Umfange auch verrußt worden.

d) Analyse des Schweröls und des Naphthalins.

1. Schweröl. Nur selten wird in der Praxis eine eingehende Untersuchung des Schweröls ausgeführt, da dieses innerhalb des Betriebes durchaus die Rolle eines Zwischenerzeugnisses spielt, dessen Aufarbeitung ohne Rücksicht auf seine Zusammensetzung erfolgen kann. Bezüglich der Ermittlung seines spez. Gewichtes, Siedepunktes, Gehaltes an Phenolen und Basen mag auf die beim Mittelöl erörterten Verfahren kurz verwiesen werden. Um seinen Naphthalingehalt zu bestimmen, tut man gut — nach dem Vorbild des Betriebes — das Öl vor dem Auskrystallisieren zu fraktionieren und nur die bis 250° übergehenden Anteile in bekannter Weise zur Naphthalinbestimmung heranzuziehen.

2. Rohnaphthalin. Von Interesse ist häufig der Siedepunkt (zwecks Erkennung der Beimischung anderer fester Teerkohlenwasserstoffe), den man in der beim Benzol beschriebenen Weise bestimmt. In der Kupferblase werden 100 g des zu untersuchenden Naphthalins eingefüllt. Das Destillat wird in tarierten Porzellanschälchen aufgefangen und gewogen. Als Kühlrohr verwendet man jedoch einen gläsernen Luftkühler von 50 cm Länge und 8 mm lichter Weite.

Als Hauptkriterium für den Reinheitsgrad dient der Erstarrungspunkt, der wie folgt ermittelt wird: In einem 200 ccm fassenden Porzellanbecher werden etwa 175 g des zu untersuchenden Naphthalins im Wasserbade geschmolzen, worauf man in den verflüssigten Inhalt des Bechers ein in $^1/_{10}$-Grade geteiltes, mit dem Normalthermometer verglichenes Thermometer, dessen Skala von 60 bis 85° reicht, so einführt, daß der Flüssigkeitsspiegel etwa 5° unter dem zu erwartenden Erstarrungspunkt liegt. Unter ständigem Rühren mit einem aus Kupferdraht gebogenen, kreisförmigen Rührer wird das Fallen der Temperatur im langsam erkaltenden Naphthalin beobachtet. Sobald die Ausscheidung der ersten Krystalle erfolgt, was an einer Trübung der Flüssigkeit zu erkennen ist, tritt gewöhnlich Stillstand und darauf Steigen des Quecksilberfadens ein, bis derselbe für längere Zeit zur Ruhe gelangt. Die Temperatur, die unter zunehmender Krystallausscheidung geraume Zeit sich nicht verändert, ist als der Erstarrungspunkt des Naphthalins anzusehen. Geringe Wassermengen vermögen den Erstarrungspunkt des Rohnaphthalins um einige $^1/_{10}$-Grade zu drücken. Bei genauen Bestimmungen muß daher dieses entwässert werden, indem man es so lange auf 120° erhitzt, bis alles Wasser verdampft ist. Zur Bestimmung des Wassergehaltes im Rohnaphthalin destilliert man 100 g des letzteren unter Zusatz von 50 ccm Xylol aus einer kleinen Kupferblase, bis die übergehenden Dämpfe eine Temperatur von 150° aufweisen. Das Destillat fängt man in einem graduierten Zylinder auf, in welchem das mit übergegangene Wasser unmittelbar in Gewichtsprozenten abzulesen ist.

3. Reinnaphthalin. Der für die Beurteilung des Reinheitsgrades wichtige Erstarrungspunkt des Reinnaphthalins kann in der gleichen Weise wie beim Rohnaphthalin (siehe unter 3) ermittelt werden. Für genauere Bestimmungen bedient man sich zweckmäßig des *Schukoff*schen Apparates[1], in welchem diese Untersuchungen zwar etwas mehr Zeit beanspruchen, aber auch sehr bequem auszuführen sind. Zwecks Feststellung der Schwefelsäurereaktion werden 3 g Naphthalin in einem Reagensglas von 15 mm lichter Weite mit 3 ccm chemisch reiner Schwefelsäure übergossen und in einem kochenden Wasserbade unter öfterem Umschütteln erwärmt bis völlige Lösung eingetreten ist. Die Färbung wird in der horizontalen Durchsicht beobachtet. Da die Beurteilung der hierbei auftretenden Färbung, welche höchstens „schwach rosa" sein soll immer subjektiv ausfallen wird, hat man versucht, der Vorschrift eine klarere und schärfere Fassung zu geben. Hierbei hat sich folgendes Verfahren gut bewährt:

5 g Reinnaphthalin werden in 20 ccm reinsten Toluols (das beim Schütteln mit Schwefelsäure farblos bleiben soll) gelöst und je 5 ccm dieser Lösung mit 5 ccm reiner, konzentrierter Schwefelsäure in einem Glasstöpselfläschchen 5 Minuten lang geschüttelt. Nach 10 Minuten langem Stehen vergleicht man die mehr oder weniger gelblich gefärbte Lösung der Schwefelsäure mit einer Lösung von Kaliumbichromat in Schwefelsäure von 50% die man in verschiedenen Konzentrationen in gleich großen Glasstöpselfläschchen bereit hält. Bei gut gereinigtem Naphthalin darf die Stärke der Färbung die einer Lösung von höchstens 2 g Bichromat in 1000 ccm Schwefelsäure von 50% nicht überschreiten[2].

e) Die technischen Öle.

Die unter dieser Bezeichnung zu behandelnden, wichtigen Erzeugnisse des Steinkohlenteers enthalten zwar — zum Teil in erheblichen Mengen — auch das später zu besprechende Anthrazenöl; sobald es sich aber darum handelt, bei der Verwendung des letzteren die nicht mit Unrecht gefürchteten Nachkrystallisationen zu vermeiden, ist ein Zusatz der leichteren Öle der Schwer-

---

[1] Zeitschr. f. angew. Chem. 1899, S. 563—603.
[2] Nach Versuchen des Verf. mit Dr. *S. Müller*, Duisburg-Meiderich.

108   Der Steinkohlenteer.

ölfraktion unerläßlich. In diesen Mischungen, die außerdem den Vorteil größerer Dünnflüssigkeit haben, halten sich die naphthalin- und anthrazenhaltigen Bestandteile gewissermaßen gegenseitig in Lösung, so daß Öle gewonnen werden, die erst bei verhältnismäßig tiefer Temperatur Ausscheidungen absondern.

1. **Heizöle.** Die Verwendung der Steinkohlenteeröle zu Heizzwecken, obwohl in ihren ersten Anfängen weit zurückreichend, hat erst im Laufe der

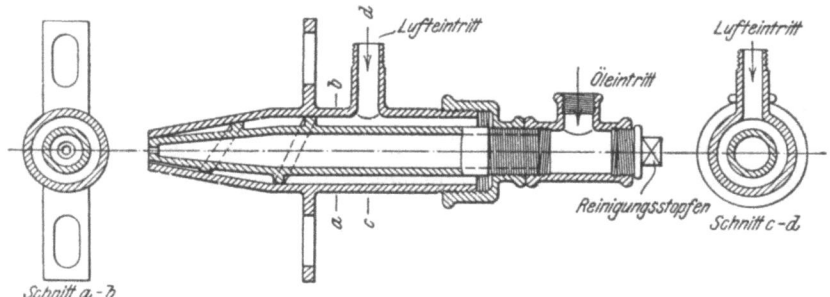

Fig. 22 a.   Verbrennungsdüse für Teerölfeuerungen.

letzten 10 bis 12 Jahre größeren Umfang angenommen, nachdem eine Übererzeugung der Öle ihre Nutzbarmachung auf andere, als die bisherige (wesentlich auf Imprägnierung von Hölzern beruhende) Weise notwendig machte.

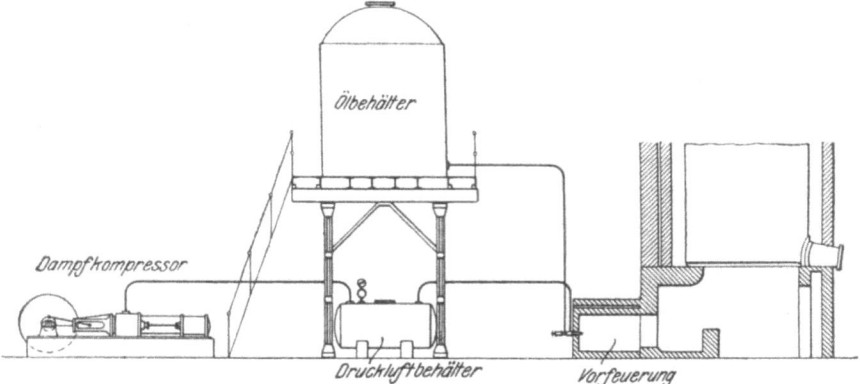

Fig. 22 b.   Teerölfeuerung unter einer Retorte.

Später sind noch andere Gründe, wie die Verwendung in der Marine während des Krieges, sowie der Kohlenmangel nach dem Kriege hinzugetreten, um dem Teeröl Eingang und — allerdings wechselnde — Verwendung in der Feuerungstechnik zu verschaffen. Die Anforderungen, welche man an ein Heizöl zu stellen pflegt, sind unschwer zu befriedigen. Sein spez. Gewicht soll zwischen 1,02 bis 1,11 liegen; sein Flammpunkt (*Pensky-Martens*) mindestens 65° betragen. Bei 15° soll es frei von Ausscheidungen sein und sein Wasser-

Das Schweröl. 109

gehalt soll 1% nicht übersteigen. Die Verbrennung der Öle erfolgt, indem man das aus einer Düse austretende Öl durch Preßluft oder Dampf verstäubt und entzündet. Die sich bildende Stichflamme brennt völlig rußfrei unter intensiver Wärmeentwicklung. Sie kann leicht reguliert werden und gewährleistet eine volle Ausnutzung der im Öl zur Verfügung stehenden Wärmeeinheiten (Fig. 22a und b). In Übersicht X findet sich eine vergleichende Zusammenstellung der Beschaffenheiten und Heizwerte verschiedener Brennstoffe. Bei dem Vergleich des Teeröls mit der Kohle darf man nicht nur die entwickelten Wärmeeinheiten miteinander vergleichen, sondern man muß auch berücksichtigen, daß die Ölfeuerung Ersparnisse durch größere Ausnutzung (kein Ruß, keine Asche) und bequemere, also billigere Handhabung mit sich führt. Erfahrungsgemäß lassen sich 10 Teile Steinkohle durch 6,5 bis 7 Teile Öl ersetzen. Trotzdem kann, normale wirtschaftliche Verhältnisse

Übersicht X.
Zusammenstellung von Brennstoffen verschiedener Herkunft.

Bezeichnung des Brennstoffs	Analyse		Heizwert in Kal. je kg	Spez. Gewicht 15°	Flammpunkt (Pensky-Martens)
	C %	H %			
Texasöl	84,9	11,7	10176	0,9362	—
Amerik. Marine-Heizöl. . . .	86,6	12,9	10800	0,8856	150
Masut	87,5	11,0	10700	0,91	110
Steinkohlenteeröl	84,43	6,9	8990—9100	1,066	96
Steinkohle (westf.)	—	—	7500—7800	—	—
Braunkohle	—	—	5000	—	—

vorausgesetzt, für viele industrielle Feuerungen wie z. B. für Dampfkessel im allgemeinen das Teeröl geldlich nicht mit der Kohle in Konkurrenz treten. Wo aber, wie häufig in der metallurgischen Industrie, intensivste, lokale Erhitzung erforderlich wird oder wo eine feinere Einstellung der Wärmezufuhr erwünscht oder eine völlige rauchlose Verbrennung Bedingung ist, wird die Teerölfeuerung vorteilhaft verwendet werden können und der Kohlenfeuerung überlegen sein.

2. Treiböle. Die Verwendung schwerer Steinkohlenteeröle für motorische Zwecke war erst mit der Einführung des Dieselmotors möglich, der auch mit schwer vergasbaren Ölen betrieben werden kann. Bekanntlich beruht die Wirksamkeit dieser Verbrennungskraftmaschinen darauf, daß das Öl in die im Zylinder hochkomprimierte und hocherhitzte Luft eingespritzt wird und dort zur Entzündung gelangt, worauf die Expansion der Verbrennungsgase durch Vorwärtstreiben des Kolbens Arbeit leistet. Trotz dieser die Verbrennung des Öles begünstigenden Bedingungen liegt die Zündungstemperatur des Teeröls noch hoch genug, um, besonders bei Beginn des Betriebes, seine Verwendung zu erschweren. Man leitet daher den Betrieb der Maschine durch Arbeiten mit leichter entflammbarem Gasöl ein und setzt dieses auch in geringer Menge zwecks Vermittlung der Zündung dem zu verwendenden

Teeröl zu. Sobald nach einiger Zeit die Eigenwärme der Zylinder eine gewisse Höhe erlangt hat, treten die Zündungen des Teeröls auch dann ein, wenn dieses ohne Zusatz von Gasöl verwendet wird. Im Dauerbetrieb ist demnach der Verbrauch an Gasöl nur sehr gering.

Im halbjährlichen Betrieb[1] eines Viertakt-Dieselmotors, welcher mit einem Stromgenerator direkt gekuppelt war, wurden mit

$$\left.\begin{array}{rl} 315{,}4 & \text{Tonnen Teeröl} \\ +\ 1{,}834 & \text{,, Gasöl} \end{array}\right\} 875\,220 \text{ kW-St.}$$

erzeugt, woraus sich ein Verbrauch von

$$\begin{array}{rlll} 360{,}00 \text{ g} & \text{Teeröl} & \text{für je} & 1 \text{ kW-St.} \\ 265{,}00 \text{ g} & \text{,,} & \text{,, ,,} & 1 \text{ PS-St.} \\ +\ 2{,}09 \text{ g} & \text{Gasöl} & \text{,, ,,} & 1 \text{ kW-St.} \\ 1{,}54 \text{ g} & \text{,,} & \text{,, ,,} & 1 \text{ PS-St.} \end{array}$$

berechnet.

Im Grunde genommen kann ein jedes, gut auskrystallisiertes Teeröl als Treiböl Verwendung finden und man deckt daher den großen Bedarf an diesem neuerdings zum Teil mit dem gewöhnlichen Heizöl (Beschaffenheit siehe unter 1.). Bei Einführung des Teeröls für den Motorenbetrieb hat man dagegen folgende Anforderungen an das Treiböl gestellt und erfüllt: Siedep. mindestens 60% bis 300°. Flammpunkt mindestens 65°. Verkokungsrückstand höchstens 3%. Asche höchstens 0,05%. Satzfreiheit bei 8°. In Xylol höchstens 0,02 Unlösliches. Wärmeeinheiten mindestens 8800. Wassergehalt höchstens 1%.

3. **Benzolwaschöl.** Zum Auswaschen des Benzols aus den Kokereigasen dienen Teeröle, deren Siedepunkt außerhalb des Intervalls der bis etwa 185° übergehenden Benzole liegen soll, welche aber weder die Dickflüssigkeit noch die leichte Verharzbarkeit der hochsiedenden Anthrazenöle haben dürfen. Nach langjähriger Erfahrung entsprechen diesen Anforderungen die auch hinsichtlich ihrer Absorptionsfähigkeit gut geeigneten, zwischen 200 und 300° übergehenden Anteile des Schweröls. Um einen ungestörten Betrieb in den Wäschern zu gewährleisten, fordert man außerdem, daß diese Öle frei von Ausscheidungen geliefert und verwendet werden. Abgesehen von gelegentlichen, aus den Zeitverhältnissen hervorgegangenen Abweichungen hinsichtlich des Siedepunktes unterscheidet man zwei Arten des Waschöls:

a) Benzolwaschöl. 90%. Siedep. bis 200° höchstens 10 %; bis 300° mindestens 90%; Wassergehalt höchstens 1%; Naphthalingehalt höchstens 10%.

Der Siedepunkt wird in der beim Benzol beschriebenen Weise aus einer Kupferblase bestimmt, der Naphthalingehalt, wie folgt, ermittelt:

Bei der nach Art der Siedeanalyse vorgenommenen Destillation von 100 ccm des Öles wird die von 180 bis 250° übergegangene Fraktion gesondert aufgefangen und nach dem Erkalten $1/2$ Stunde lang in Eiswasser gestellt. Das ausgeschiedene Naphthalin wird mit der Saugpumpe schnell vom Öl getrennt und durch Aufstreichen auf einen porösen Tonteller von 65 mm

---

[1] Der *Gesellschaft für Teerverwertung m. b. H.* in Duisburg-Meiderich.

innerem Durchmesser vom Rest des Öles befreit. Nach 2 Stunden wird das Naphthalin mit einem Spachtel abgenommen und gewogen.

b) **Waschöl der Firma** *Solvay* **in Brüssel** (Solvay-Öl). Siedep. bis 210° höchstens 1%; bis 300° mindesten 90%; Wassergehalt höchstens 1%. Das Destillat von 90% soll sich möglichst gleichmäßig zwischen 210 und 300° verteilen. Werden 50 g der Probe in einer Kältemischung $^1/_4$ Stunde auf 0° abgekühlt, so darf sich kein Naphthalin ausscheiden.

Wie wir oben sahen, verdicken die Waschöle nach längerem Gebrauch teils infolge Verharzung einiger ihrer Bestandteile, teils infolge Aufnahme von teerigen Bestandteilen des Rohgases. Sie werden dann aus dem Betrieb ausgeschaltet und gelangen in den meisten Fällen als „verdicktes" Waschöl in die Teerdestillationen zwecks Regenerierung zurück. Letztere ist wegen des starken Gehaltes dieses ausgebrauchten Öles an schwefelhaltigen Substanzen und undestillierbaren, pechartigen Rückständen eine mit Schwierigkeiten und Belästigungen verknüpfte Betriebsarbeit, so daß man häufig vorzieht, diese Erzeugnisse dem Rohteer einzuverleiben.

4. **Statistik.** Die ruhige Entwicklung sowohl der Erzeugung als auch der Verwendung der Teeröle in Deutschland vor dem Kriege hat einer außerordentlich unruhigen Wirtschaftslage und einem häufigen Wechsel der Verwendungszwecke in der Nachkriegszeit Platz gemacht. Die deutsche Teerölerzeugung hat heute noch nicht völlig die Höhe früherer Jahre erreicht, dürfte aber immerhin jährlich nahezu 350 000 t betragen. Von dieser Erzeugung wird ein Teil in Form von Imprägnieröl exportiert, während der im Inland verbleibende Rest, im Gegensatz zu früher, nur im beschränkten Umfang für die Imprägnierung Verwendung fand. Dagegen ist der Absatz als Heiz- und Treiböl sehr bedeutend gestiegen und dürfte im Jahre 1921 ungefähr 200 000 t betragen haben. Als Waschöl sind ungefähr im gleichen Jahre 40 000 bis 50 000 t verbraucht worden. Als Ersatz für Schmieröle dürften 10 bis 15 000 t Teeröle Verwendung gefunden haben.

f) Reinpräparate des Schweröls.

Im Laufe der letzten Jahre sind einige Bestandteile des Schweröls dem Handel und dem Verbrauch neu zugeführt worden und haben mehr oder weniger technische Bedeutung gefunden. Andere, aus diesen Ölen isolierte Präparate werden gleichfalls rein dargestellt und in den Verkehr gebracht, haben indessen vorerst nur wissenschaftliche Bedeutung.

1. **Indol,** bereits früher bekannt und synthetisch auf verschiedenen Wegen dargestellt, wird nach seiner Entdeckung in dem etwa von 220 bis 260° siedenden neutralen Fraktionen des Schweröls[1] nach einem Verfahren der *Ges. für Teerverwertung m. b. H.* (D.R.P. Nr. 253 304) aus diesen Ölen mit Hilfe seiner Alkaliverbindungen gewonnen und als reiner Körper in farblosen Krystallen vom Schmelzp. 52° in den Handel gebracht. Es findet in der Riechstoffindustrie Verwendung als Zusatz zu künstlichem Jasmin- und

---

[1] *R. Weißgerber,* Ber. d. Dtsch. chem. Ges. **43**, 3520 (1910).

Orangeblütenöl, nachdem es sich herausgestellt hat[1], daß auch die natürlichen Öle diesen an sich fäkal riechenden Körper enthalten und daß sein Geruch als ein wesentlicher Bestandteil des Duftcharakters dieser Öle anzusehen ist.

2. **Chinolin und Isochinolin.** Die in der Fraktion 235 bis 250° auftretenden Basen bestehen im wesentlichen aus Chinolin, welches schon seit längerer Zeit im technisch reinen Zustande im beschränkten Umfange gewonnen und auch zur Herstellung gewisser therapeutisch wirksamer Präparate verwendet wurde. Gleichfalls von technischem Interesse (für gewisse Farbstoffe der Chinolinrotgruppe) ist das Isochinolin, welches als natürlicher Begleiter des Chinolins allerdings in sehr geringer Menge auftritt. Seine Abscheidung als saures Sulfat ist wesentlich erleichtert worden durch das Verfahren der *Ges. für Teerverwertung G. m. b. H.* (D.R.P. Nr. 285 666) nach welchem die stärkere Basizität des Isochinolins zu seiner Trennung vom Chinolin benutzt wird[2].

3. **Acenaphten.** Schon seit längerer Zeit als Bestandteil des Schweröls bekannt, wurde das Acenaphten in die Farbstofftechnik durch die *Baseler Chem. Fabrik* in Basel (D.R.P. Nr. 205 377) eingeführt, indem sie zeigte, daß Acenaphtenchinon sich mit Oxythionaphten zu einem indigoiden Farbstoffe von hohem Wert zu vereinigen vermag. (Cibarot und ähnliche Farbstoffe.) Acenaphten wird aus den von 265 bis 275° siedenden Fraktionen des Schweröls gewonnen, aus welchen nach voraufgegangener, eingehender Fraktionierung der Kohlenwasserstoff in großen, einheitlichen Nadeln auskrystallisiert. Der von allen begleitenden Ölen möglichst befreite Körper kommt in einem Reinheitsgrad von 95—98% (Gehaltsbestimmung durch Überführung in Naphthalsäure) in den Handel. Die noch stark acenaphtenhaltigen, aber bereits mit anderen festen Ausscheidungen verunreinigten Krystallisationen höher siedender Fraktionen können nach dem Verfahren der *Ges. für Teerverwertung m. b. H.* (D.R.P. Nr. 277 110) durch gemeinschaftliche Destillation mit niedriger siedenden Teerölen vorteilhaft auf Acenaphten verarbeitet werden. Von den vorläufig nicht in größeren Mengen hergestellten Reinpräparaten seien folgende erwähnt:

4. **Homologe Naphthaline.** Die methylierten Naphthaline bilden einen wichtigen Bestandteil des Schweröls, dessen flüssige Beschaffenheit in seinen mittleren Fraktionen in der Hauptsache auf ihr Auftreten zurückzuführen ist. Neuere Arbeiten[3] haben Verfahren zur Gewinnung der homologen Naphthaline in reinem Zustand aus diesen Ölen kennen gelehrt, so daß nunmehr folgende einheitliche Körper dargestellt werden und im Handel zu haben sind: α- und β-Methylnaphthalin; 1,6; 2,6; 2,7-Dimethylnaphthalin.

5. **Fluoren und Biphenylenoxyd.** Diese beiden in der Fraktion 285 bis 295° enthaltenen Bestandteile des Schweröls sind durch Krystallisation nicht zu trennen, denn sie zeigen in ihrer Krystallform und ihren all-

---

[1] *A. Hesse*, Ber. d. Dtsch. chem. Ges. **32**, 2112 (1899).
[2] *R. Weißgerber*, Ber. d. Dtsch. chem. Ges. **47**, 3175 (1914).
[3] *R. Weißgerber* und *O. Kruber*, Ber. d. Dtsch. chem. Ges. **52**, 346 (1919); D.R.P. Nr. 30 10 79.

Das Anthracenöl. 113

gemeinen Löslichkeitsverhältnissen eine außerordentlich weitgehende Ähnlichkeit. Unter Ausnutzung des schwach sauren Charakters der Methylengruppe im Fluoren gelingt es aber dieses aus dem Gemisch mit Biphenylenoxyd in Form seiner Alkaliverbindungen abzuscheiden. Diese bilden sich bereits bei der Schmelze des Rohfluorens mit Ätzkali[1], wobei das Biphenylenoxyd zu o-Diphenol aufgespalten wird. Natriumverbindungen des Kohlenwasserstoffes werden bei der Behandlung des letzteren mit Natrium oder Natriumamid gebildet[2]. Das Biphenylenoxyd kann aus dem in der Fluorenkalischmelze gebildeten Dioxydiphenyl durch Wasserabspaltung (mit Chlorzink) wieder zurückgebildet werden[3].

6. Thionaphten. In ähnlicher Weise wie das Benzol vom Thiophen, wird das Naphthalin vom Thionaphten begleitet[4] und zeigt mit ersterem trotz seiner abweichenden Konstitution eine äußerst weitgehende Ähnlichkeit. Im gepreßten Rohnaphthalin finden sich etwa 3—4% Thionaphten, das sich aber auf dem Wege der Krystallisation nicht vom Naphthalin trennen läßt. Andererseits bildet es, wie wir bereits sahen, die Veranlassung, daß das Rohnaphthalin in konzentrierter Schwefelsäure sich nur mit braunroter Farbe löst, wobei die Schwefelverbindung unter teilweiser Verharzung in eine Sulfosäure übergeht, welche für die Weiterverarbeitung des Naphthalins störend ist. Die Hauptwirkung der Naphthalinwäsche besteht nun darin, das leichter sulfurierbare Thionaphten vom Naphthalin durch Behandlung des letzteren mit kleinen Mengen Schwefelsäure zu trennen und unschädlich zu machen. Obwohl diese Wirkung in der Hauptsache erzielt wird, gelingt es bei diesem Verfahren nicht, das Naphthalin völlig frei von Thionaphten zu erhalten und die zwecks Ermittlung des Reinheitsgrades ausgeführte Schwefelsäureprobe des technischen Reinnaphthalins zeigt in der Tat in Form der auftretenden Färbung den größeren oder geringeren Gehalt des letzteren an Thionaphten und damit zugleich die größere oder geringere Wirkung der Naphthalinwäsche an. Durch wiederholte, partielle Sulfurierung in Verbindung mit anderen Reinigungsverfahren gelingt es, Thionaphten in reinem Zustand abzuscheiden (D.R.P. Nr. 325 712 der *Ges. für Teerverwertung m. b. H.* Duisburg-Meiderich). Zu dem gleichen Zweck kann ferner die auch theoretisch interessante Natriumverbindung des Schwefelkörpers verwendet werden. (D.R.P. Nr. 350 737 der *Ges. für Teerverwertung m. b. H.*) Das Thionaphten gelangt als eine bei 32° schmelzende, weiße Krystallmasse in den Handel.

J. Das Anthracenöl.
a) Eigenschaften und Zusammensetzung.

Die ihrer Menge nach größte Fraktion der Steinkohlenteerdestillate ist das Anthracenöl, in welchem alle dem naphthalinhaltigen Schweröl folgenden,

---
[1] *R. Weißgerber*, Ber. d. Dtsch. chem. Ges. **34**, 1659 (1901); D.R.P. Nr. 124 150. A.-G. f. Teer- und Erdölindustrie.
[2] *R. Weißgerber*, Ber. d. Dtsch. chem. Ges. **41**, 2913 (1908); D.R.P. Nr. 283 312. Ges. f. Teerverwertung m. b. H. Duisburg-Meiderich.
[3] *G. Kraemer* und *R. Weißgerber*, Ber. d. Dtsch. chem. Ges. **34**, 1662 (1901).
[4] *R. Weißgerber* und *O. Kruber*, Ber. d. Dtsch. chem. Ges. **53**, 1551 (1920).

bis etwa 350° siedenden Öle vereinigt sind. Während der Beginn dieser Fraktion durch die Siedegrenzen des Schweröls ohne weiteres gegeben ist, wird ihr Ende fast immer durch die Beschaffenheit des bei der Destillation des Rohteers verbleibenden Destillationsrückstandes, des Pechs bestimmt. Da in der Praxis an dessen Erweichungspunkt bestimmte Anforderungen gestellt werden und diese wiederum von seinem Öl- bzw. Bitumengehalt abhängen, setzt man die Rohteerdestillation ohne Rücksicht auf die Beschaffenheit der letzten Fraktion so lange fort, bis die gewünschten Eigenschaften des Pechs erreicht sind. Dieses Verfahren bewirkt übrigens keineswegs, daß die Zusammensetzung des Anthracenöles großen Schwankungen unterworfen ist, vielmehr zeigt dieses in bezug auf seine wichtigeren Bestandteile und Eigenschaften erfahrungsgemäß große Gleichmäßigkeit; auch wenn es aus Teeren recht verschiedener Herkunft erhalten worden ist.

Das Rohanthracenöl entfällt (in einer Menge von 15—20% des Rohteers) als schwach grünliches, ziemlich viscöses Öl vom spez. Gewicht etwa 1,09 bis 1,1, aus welchem beim Abkühlen 5—6% seiner Menge in Form weicher, undeutlich krystallinischer Massen zur Abscheidung gelangen. Diese in der Technik als Rohanthracen bezeichneten Ausscheidungen stellen ein kompliziertes Gemisch der verschiedensten Körper dar unter denen, seitdem man die Gewinnung des Alizarins großtechnisch betreibt (d. h. etwa seit dem Jahre 1870) das Anthracen die wirtschaftlich wichtigste Verbindung darstellt.

Der Gehalt des Rohanthracens an Anthracen beträgt nur etwa 25—30%. Die restlichen 70—75% dieser festen Körper bestehen zum nicht geringen Teil aus den bereits im Schweröl auftretenden Verbindungen wie Naphthalin, Acenaphten, Fluoren, Biphenylenoxyd. In reichlichen Mengen finden sich das dem Anthracen isomere Phenanthren und andere dem Phenanthren ähnliche Kohlenwasserstoffe, ferner auch das dem Anthracen in bezug auf seine Löslichkeit auffallend ähnliche, stickstoffhaltige Carbazol vor. Auch ein Homologes des Anthracens und zwar das β-Methylderivat ist im Rohanthracen nachgewiesen worden[1]. Als tertiäre Base wurden kleinere Mengen von Akridin gefunden.

Während die Zusammensetzung des Rohanthracens infolge seiner technischen Bearbeitung noch einigermaßen im Laufe der Zeit aufgeklärt worden ist, kennt man die Bestandteile des filtrierten Anthracenöls nur mangelhaft. Die fraktionierte Destillation der in ihnen enthaltenen neutralen Körper ergibt zunächst einen beträchtlichen Anteil (etwa $1/3$) bis etwa 300° siedender Fraktionen, die mit den im Schweröl kennen gelernten Ölen identisch sind. Ihnen folgen mit steigendem Siedepunkt fast durchweg feste Körper von verhältnismäßig niedrigem Schmelzpunkt, welche in ihrem Verhalten dem Phenanthren außerordentlich ähnlich sind, dieses auch zweifellos enthalten, ohne indessen aus ihnen ausschließlich oder nahezu ausschließlich zu bestehen. Nur vermutungsweise und aus Analogiegründen darf man annehmen, daß in

---

[1] *Japp, G. Schultz*, Ber. d. Dtsch. chem. Ges. **10**, 1049 (1877).

diesen Fraktionen homologe Fluorene, Biphenylenoxyde u. a., sowie schließlich auch homologe Phenanthrene enthalten sind. Das gleiche Dunkel liegt über den Phenolen und Basen des Anthracenöls. Von ersteren (6—8% Öles) weiß man kaum etwas anderes, als daß sie den Charakter der homologen Phenole sowie der Naphthole[1] tragen, von letzteren (2—3% des Öles), daß sie neben Chinolin dessen höhere Homologen und Analogen enthalten, ohne daß indessen auch nur ein einziges Individuum dieser Gruppen mit Sicherheit nachgewiesen worden wäre.

Daß neben den, der aromatischen Reihe angehörenden Verbindungen auch ungesättigte Verbindungen verschiedensten Charakters, ja sogar Paraffine auftreten, kann mit Bestimmtheit angenommen werden. Die Entfernung dieser Begleitkörper bzw. die Reinigung der aromatischen Kohlenwasserstoffe erweist sich hier besonders schwierig und trägt auch ihrerseits zur Erschwerung der Aufklärung bei. Letztere dürfte erst dann erfolgreich durchgeführt werden können, wenn es gelingt, die Fraktionierung dieser infolge ihres hohen Siedepunktes nicht leicht zu behandelnden Körper zu verfeinern und neue charakteristische Reaktionen der einzelnen Gruppen, die sich bisher nur als außerordentlich ähnlich untereinander erwiesen, aufzufinden.

b) Aufarbeitung im Betrieb.

Um des Anthracens willen hat man jahrzehntelang in dem Anthracenöl bzw. dem Rohanthracen einen der wertvollsten Bestandteile des Steinkohlenteers erblickt, bis infolge der ungeheuren Steigerung der Teererzeugung der wirtschaftliche Wert und damit die technische Bedeutung des Anthracens schnell zurückgingen. Heute verzichten infolge dieses Umstandes sehr viele Teerdestillationen darauf, das Rohanthracen aufzuarbeiten und bringen es aus den Ölen nur zur Abscheidung, um letztere frei von Ausscheidungen zu erhalten und zu verwerten. Es stellt sich somit in der heutigen Technik der Teerdestillation die Behandlung des Anthracenöls vielfach nur als ein Prozeß dar, letzteres auf möglichst einfache und billige Art von seinen Krystallen zu befreien, also nicht das Anthracen, sondern das filtrierte Öl zu gewinnen. Der unter den heutigen Verhältnissen gering erscheinende Bedarf an Anthracen für Alizarinfarbstoffe wird durch die noch bestehenden Aufarbeitungsbetriebe mit Leichtigkeit gedeckt, der Rest des Rohanthracens wird in Rußfabriken verbrannt oder anderweitig vernichtet.

Zur Gewinnung des filtrierten Öles läßt man das in der Teerdestillation gewonnene Rohöl zunächst in offenen Kühlkästen, ähnlich dem Naphthalinöl (siehe dieses) auf Tagestemperatur abkühlen, wobei die Ausscheidungen in Form eines grünlichen, kleinkrystallinischen Schlammes, teils im Öl suspendiert bleiben, teils sich auf dem Boden absetzen. Die Filtration erfolgte früher häufig in Filterpressen, ein Verfahren, das man wegen verschiedener Nachteile

---

[1] *K. E. Schulze*, Ann. d. Chem. u. Phys. **227**, 143 (1884). Nachweis von α- und β-Naphthol.

heute fast allseitig verlassen und durch Anwendung von Nutschen aller Art ersetzt hat. Diese leicht zu bedienenden Apparate, deren Einrichtung als bekannt vorausgesetzt werden darf, werden mit dem abgekühlten Rohöl beschickt, nachdem man die abgesetzten Krystalle durch Bearbeiten mit Rührkrücken u. dgl. etwas im Öl verteilt hat. Das Abnutschen bereitet im allgemeinen keine Schwierigkeiten und erfolgt ziemlich schnell; nur bei sehr starkem Abkühlen des Rohöls fallen die Krystallisationen schlecht filtrierbar und so weich aus, daß sie schwer trocken zu bekommen sind. Da der wirtschaftliche Wert dieser Erzeugnisse meist so liegt, daß das Öl kostbarer ist, als das rohe Anthracen, ist es schon aus diesem Grunde angezeigt, beim Nutschen auf ein möglichst ölfreies Rohanthracen hinzuarbeiten. Man kann dies durch sorgfältiges Beseitigen aller im Nutschgut entstehenden, luftansaugenden Risse sehr wohl erzielen und erhält dann ein Rohanthracen, welches zwecks Lieferung an Verrußungsanlagen unmittelbar lose verladen werden kann oder, wofern es auf gereinigtes Anthracen verarbeitet werden soll, den hierfür bestimmten Betrieben zugeführt wird. Die von den Nutschen abfließenden Öle sind selten völlig klar und neigen, wenn sie in warmer Jahreszeit gewonnen wurden, bei tieferen Außentemperaturen zu Nachkrystallisationen, die ihren Handelswert sehr herabmindern können. Man sammelt sie daher in größeren Tanks, in welchen sie die durch undichte oder allzu grobe Filtertücher gegangenen, feineren Kryställchen absetzen können, und aus welchen die Öle nach längerem Lagern klar abgezogen werden. Das filtrierte Anthracenöl (auch kurz „Anthracenöl" genannt), stellt unter allen Steinkohlenteerölen den Haupttyp dar. Trotzdem wird es nur in verhältnismäßig seltenen Fällen als solches in den Handel gebracht, sondern bildet vielmehr einen nie fehlenden Bestandteil der bekannten Handelsmarken, wie Heizöl, Motorenöl, Imprägnieröl usw. in denen es in Mischung mit leichteren Teerölen auftritt.

1. Die Imprägnieröle. Etwa seit den 40er Jahren des vorigen Jahrhunderts benutzt man die wertvolle Eigenschaft der Steinkohlenteeröle, die natürliche Holzfaser vor dem zerstörenden Einfluß von Mikroorganismen aller Art zu schützen, um Nutzhölzer, welche, wie Eisenbahnschwellen, Telegraphenstangen, Pfähle bei Wasserbauten u. dgl. der Feuchtigkeit des Bodens oder der Witterung ausgesetzt sind, vor dem Verfaulen durch Behandlung mit Teeröl zu bewahren. Man muß hierbei die eigentliche Imprägnierung von der Konservierung durch Anstriche mit Hilfe von Teeröl unterscheiden. Während erstere in der völligen Durchtränkung der Holzfaser besteht, wird von letzterer, trotz des Vorteils, den sie durch ihre einfache Handhabung bietet, nur eine verhältnismäßig dünne obere Schicht erfaßt und daher auch nur diese geschützt. Das imprägnierte Holz ist durch Fäulnis überhaupt nicht mehr zerstörbar und kann nur infolge mechanischer Einflüsse allmählich unbrauchbar werden. Das Verfahren der Imprägnierung besteht im wesentlichen darin, daß man die Hölzer (z. B. Eisenbahnschwellen und Pfähle) in eiserne, heizbare Kessel einbringt, durch Evakuierung die Luft aus den Holzporen entfernt und schließlich das erwärmte Teeröl unter Druck zugibt.

Die Aufnahme von Teeröl ist bei den einzelnen Holzarten recht verschieden: So nehmen Eichenschwellen 9 bis 12, Buchen- und Kiefernschwellen dagegen 35 bis 40 kg Teeröl bei der Imprägnierung auf. Die bakterientötende Wirkung des Teeröls kann hierbei nicht einzelnen seiner Bestandteile (z. B. etwa nur den Phenolen) zugeschrieben werden, vielmehr muß man annehmen, daß sämtliche Gruppen von Verbindungen (einschließlich der Kohlenwasserstoffe) zu dieser Wirkung beitragen, und daß es daher ein fruchtloses Bemühen ist, von diesem Gesichtspunkte aus bestimmte Anforderungen an das Imprägnieröl zu stellen. Trotzdem hatte bis zum Kriege eine jede selbständige Bahnverwaltung ihre besonderen, zum Teil sehr diskutablen Vorschriften für die Beschaffenheit der Imprägnieröle, und erst den Verhältnissen in der Zeit während und nach dem Kriege war es, wenigstens in Deutschland vorbehalten, mit diesen vielgestaltigen Beschaffenheitsbedingungen aufzuräumen. Nachdem man es während der Beschlagnahme der Teeröle durch die deutsche Marineverwaltung nicht verschmäht hatte, die notwendigsten Imprägnierungen mit geschmolzenem Rohnaphthalin vorzunehmen, ist man heute zu einem einheitlichen Reichstyp des Imprägnieröls, welcher der früher von der preußischen Staatsbahn bevorzugten Qualität entspricht, zurückgekehrt. Andererseits hält das Ausland noch mit mehr oder weniger großer Hartnäckigkeit an seinen besonderen Beschaffenheiten fest. (S. Übersicht XI.)

2. Carbolineum. In vielen Fällen werden Hölzer aller Art für ihre besonderen Verwendungszwecke schon durch einen Teerölanstrich gegen den zerstörenden Einfluß der Feuchtigkeit geschützt und man bedient sich dann mit Vorliebe hierfür der hochsiedenden Anthracenöle. Da es von Vorteil ist, hierbei nur solche Öle auszuwählen, denen alle leichter siedenden und daher auch leichter verdunstenden Anteile entzogen sind, wird häufig das gewöhnliche Anthracenöl durch Redestillation in diesem Sinne günstig beeinflußt. Ein derartiges Präparat wurde seinerzeit von der Firma *Avenarius* unter dem Namen Carbolineum in den Handel gebracht und fand derartigen Anklang, daß mit der gleichen Bezeichnung schon seit geraumer Zeit fast alle für konservierende Anstrichzwecke verwendeten, schweren Teeröle aller Art belegt werden. Ein anderes Verfahren, diese Öle für den erwähnten Zweck besonders geeignet zu machen, besteht darin, sie durch Einblasen von Luft bei höherer Temperatur zu verdicken, wodurch sie nebenbei auch das hierbei sehr beliebte, dunkle und viscöse Aussehen erhalten; oder man löst zur Erzielung der gleichen Eigenschaft einfach Pech im Anthracenöl auf und erhält dadurch eine Art dünnflüssigen, zum Anstrich geeigneten Dachlacks.

3. Naphthalinwaschöl. Zur Beseitigung von Naphthalin aus dem Leuchtgas wird vielfach unter der Bezeichnung Naphthalinwaschöl ein Anthracenöl verwendet, welchem man durch Redestillation seine Vorlaufanteile entzogen hat und welches sodann für Naphthalin ein wohlfeiles und recht wirksames Lösungsmittel bildet. Von diesem, zum Auswaschen von Leuchtgas verwendeten Naphthalinwaschöl wird ein spez. Gewicht von mindestens 1,1 sowie ein Siedepunkt verlangt, bei welchem bis 200° höchstens 2%, bis 270° höchstens 10% übergehen.

Übersicht XI.
Beschaffenheitsbedingungen der Imprägnieröle.

Land	Spez. Gewicht 15°	Siedegrenzen	Wasser	Gehalt an Napht. 15°	Phenolen	Frei von Ausscheidungen	Verhalten gegen	Bemerkungen
Deutsches Reich zugl. Schweiz, Dänemark, Bulgarien	1,04—1,1	—150° h. 3% —200° h. 10% —235° h. 25%	h. 1%	Bulgarien h. 25%	m. 6%	40°	Benzol: Spuren unlösl.	—
Amerika	1,05—1,09	—210° h. 5% —235° h. 25%	h. 1%	—	—	15°	—	Reines Steinkohlenteeröl
Belgien	1,05—1,1	—200° h. 0% —250° h. 33%	h. 1%	m. 15%	—	—	—	Reines Steinkohlenteeröl
Frankreich	1,043—1,1	—	h. 1%	m. 10% h. 30%	m. 6%	40°	Benzol: h. 0,5% unlösl.	Steinkohlenteeröl
Rumänien	1,074—1,124	—200° 0% —250° h. 33% 288—400° m. 10%	wasserfrei	10—30%	6—10%	45°	—	Reines Steinkohlenteeröl
Schweden	1,04—1,1	—125° h. 1% —220° h. 50%	h. 1%	h. 30%	5—15%	30°	—	—
Holland	1,048—1,088	—180° h. 2% —200° h. 7% —250° h. 30%	h. 1%	—	m. 10%	15°	In Kopfholz muß es eindringen	Reines Steinkohlenteeröl
Prinz Heinrich Bahn	1,08	bei 203°	—	m. 10%	m. 10%	50°	Benzol klarlöslich	Reines Steinkohlenteeröl

Das Anthracenöl.

4. Teerfettöle. Die Herstellung und Verwendung hochsiedender Steinkohlenteeröle als Schmieröl ist ein Erfolg der Teerindustrie, welcher erst im Kriege, nachdem Mineralschmieröle kaum noch zu haben waren, eingetreten ist. Bei der Gewinnung dieser Öle konnte man auf ältere Erfahrungen zurückgreifen, denn auch schon vor dieser Zeit sind hochsiedende Anthracenöle im beschränkten Maße (meist als Bestandteil sogenannter konsistenter Fette) für Schmierzwecke verwendet worden. Die Viscosität der Teerdestillate steigt mit dem Siedepunkt, sobald dieser 300° überschritten hat, ziemlich schnell, gleichzeitig aber auch die Menge der aus diesen Ölen beim Abkühlen entstehenden Ausscheidungen und die Schwierigkeit, letztere von den öligen Anteilen zu trennen. Aus diesen Gründen ist es daher weder wirtschaftlich rätlich noch technisch durchführbar, satzfreie Öle in unmittelbarer Destillation des Teers zu gewinnen, deren Viscosität etwa 3° *Engler* (50°) überschreitet. Man hat nun mit Erfolg versucht, die Viscosität der an sich nicht allzu viscösen Anthracenöle dadurch zu erhöhen, daß man sie, sei es durch Zusätze, sei es durch Polymerisation verdickt oder man bedient sich des Kunstgriffes, die dünneren Öle durch starke Abkühlung, soweit als irgend möglich, von ihren Krystallen zu befreien und durch Abdestillieren ihrer leichter siedenden Anteile ihre Viscosität nachträglich zu steigern. Von den zahlreichen Vorschlägen zur Herstellung schmierfähiger Teeröle sind nur wenige im Großbetrieb wirklich durchgeführt worden; auch erlahmt das Interesse an diesen Ersatzschmierölen sofort sehr bedeutend, sobald Mineralschmieröle wieder zu einigermaßen erschwinglichen Preisen aus dem Ausland eingeführt werden können. Nach dem D.R.P. Nr. 301 774 von *H. Klever* werden Anthracenöle durch Erhitzen unter Druck auf 250 bis 360° gegebenenfalls bei Gegenwart von Katalysatoren infolge Polymerisation ihrer Bestandteile stark verdickt und hochviscös. In dem D.R.P. Nr. 301 775 schlägt der gleiche Erfinder vor, die Temperatur dieses Vorganges weiter auf 350 bis 400° zu steigern. Eine ähnliche Wirkung will er durch Kochen der Teeröle unter Rückfluß bei gewöhnlichem Druck erreichen. Dieses Verfahren ausbauend, empfiehlt derselbe im D.R.P. Nr. 301 776 bei der erwähnten Polymerisation gleichzeitig Luft in die Öle einzuleiten, wodurch erfahrungsgemäß eine starke Oxydation und Verpechung des Ausgangsmaterials eintritt. Dieser Verdickung sind, wie man sich leicht überzeugen kann, besonders die Basen und vor allem die Phenole des Teeröls zugängig. Im D.R.P. Nr. 301 777 wird daher von dem gleichen Erfinder der Zusatz von hochmolekularen Basen und Phenolen zu dem zu verdickenden Anthracenöl empfohlen.

In ihrer Anmeldung C. 26 953 (Kl. 23 c) beschreibt die *Chemische Fabrik Worms* die Polymerisation von Teerölen infolge der Einwirkung von Körpern wie Sulfurylchlorid, Phosphorpentoxyd, Phosphorpentachlorid, denen sie in ihrer Zusatzanmeldung C. 27 096 die unter Druck zur Einwirkung zu bringenden Salzsäure hinzufügt. Eine auch theoretisch ganz interessante Verdickung der Anthracenöle, und zwar vermutlich infolge von Kondensation, wird durch das Verfahren der *Vereinigung für Teererzeugnisse* und *F. Schreiber* gemäß D.R.P. Nr. 330 970 durch Erhitzen der Öle mit geringen Mengen Schwefel hervorgerufen, wobei letzterer lediglich eine Abspaltung von Wasserstoff bewirkt und in Form von Schwefelwasserstoff wieder entweicht. Ein Einblasen geringer Mengen von Luft befördert den chemischen Vorgang. Auf diese Weise lassen sich Viscositäten von beträchtlicher Höhe erhalten.

Von einem anderen Gesichtspunkt gehen diejenigen Verfahren aus, welche die erhöhte Viscosität der Anthracenöle durch Auflösen fremder Substanzen zu erreichen suchen. Hier ist das Verfahren von Dr. *Eitner* zu erwähnen (Anmeldung E. 21 192) nach welchem Schmieröle beliebiger Viscosität durch Auflösen von Petrolpech in Teerölen erhalten werden. Dem Übelstand derartiger Mischungen, bei niederer Temperatur und in der Ruhe wieder einen Teil der zugesetzten Substanzen in halbfester Form auszuscheiden sucht das Verfahren der *Rütgerswerke A.-G.* (Anmeldung R. 45 276) dadurch zu begegnen, daß hier außer Petrolpech noch andere der Erdölindustrie entstammende Destillationsrückstände wie Pakura, Massut u. dgl. den Mischungen

Übersicht XII. Teerfettöle des Handels.

Bezeichnung	Flammpunkt	Viscosität	Stockpunkt	Wassergehalt	Frei von Ausscheidungen	Bemerkungen
Teerfettöl II	m. 110°	V 50 1,8—2,2	h. 10°	h. 1%	8°	in Mineralöl l.
Eisenbahn-Teerfettöl .	m. 110°	V 50 2,0	h. 10°	h. 1%	0°	,,
Teerfettöl III	m. 120°	V 50 2,75—3,25	h. 5°	h. 1%	0°	,,
Teerfettöl IV	m. 120°	V 50 4,0	—	h. 1%	8°	,, .

hinzugesetzt werden. Gleichfalls auf Bestandteile der Mineralöle greift der Vorschlag Dr. *Singers* zurück (Anmeldung S. 45 850), nach welchem in Teerölen die aus den Schwefligsäureextrakten der Mineralöle zu gewinnenden Rückstände aufgelöst werden sollen, um sie in Fettöle überzuführen. Endlich sind noch die Verfahren von *H. Klever* (Anmeldung K. 60 246) und von *W. Ostwald* (D.R.P. Nr. 312 376) zu erwähnen, nach denen einerseits Harz- und Fettseifen der Erd- und Schwermetalle, andererseits Graphit und alkalische Stoffe wie Magnesiumoxyd den Teerölen zugeführt werden, um sie in Schmieröle zu verwandeln. Die in größeren Mengen erzeugten und neben anderem auch für Achsenschmierung auf der Eisenbahn verwendeten Teerfettöle stellen dunkle, mehr oder weniger viscöse Öle dar, die man (vgl. Übersicht XII) nach ihren Eigenschaften klassifiziert und bewertet hat.

Daß sie in der Tat die Mineralschmieröle ersetzen können, unterliegt keinem Zweifel. Gegenüber diesen altgewohnten, seit langer Zeit eingeführten Schmierölen besitzen sie aber einige Nachteile, welche im wesentlichen darin bestehen, daß sie, selbst bei sorgfältigster Herstellung, gelegentlich doch einmal wieder Nachkrystallisationen abscheiden, die zur Verstopfung der Schmierdochte beitragen oder in anderer Weise die Schmierung behindern, sowie daß sie vermöge ihrer natürlichen Beschaffenheit allmählich verharzen und — vermutlich durch Oxydation — verdicken. Besonders ins Gewicht fällt der erstere Übelstand, der — häufig übrigens in laienhafter Verkennung der Art dieser Ausscheidungen — der allgemeinen und vor allem dauernden Einführung dieser Schmieröle ungemein geschadet hat.

Trotzdem ist anzunehmen und im Interesse der Verwertung inländischer Stoffe auch zu hoffen, daß für einfachere Schmierungen, namentlich für Lager welche nicht allzu starker Kühlung unterworfen sind, die Teerfettöle sich als Schmiermittel erhalten werden. Dies gilt besonders auch für ihre Verwendung in sogenannten Schmierfetten, welche aus mehr oder weniger konsistenten Emulsionen der Teerfettöle auf Seifen- oder Montanwachsgrundlage bestehen. Letztere werden in großen Mengen zum Schmieren von Förderwagen und als Staufferfettersatz verwendet.

c) Das Anthracen.

α) Zusammensetzung des Rohanthracens und Aufarbeitungsverfahren. Die Zusammensetzung des Rohanthracens wurde schon oben (siehe S. 114) flüchtig erwähnt. Wenn man die festen Ausscheidungen des rohen Anthracenöls von ihren öligen Begleitern durch Nutschen und Abpressen befreit, ergibt sich ein trockenes, jedoch ziemlich weiches Rohanthracen — früher häufig das Enderzeugnis des Aufarbeitungsbetriebes — das einen Gehalt von 28—32% Anthracen aufweist. Unter den Begleitern des letzteren läßt sich die Menge des Carbazols noch mit einiger Sicherheit bestimmen und wird zu 15—20% des Rohanthracens gefunden. Dagegen ist über den Gehalt an Phenanthren, Fluoren usw. mangels geeigneter analytischer Bestimmungsverfahren mit Sicherheit nichts zu sagen. Zweifellos herrscht unter letztgenannten Begleitkörpern, die bezüglich ihrer Löslichkeit in zahlreichen Lösungsmitteln insbesondere in Benzol viel ähnliches untereinander aufweisen, das Phenanthren bei weitem vor, und so ist es denn auch seit langem in der Technik üblich, diese leicht löslichen Anthracenbegleiter durch den Sammelnamen „Phenanthren" zu bezeichnen und zu kennen. Das Ziel der Aufarbeitungsbetriebe besteht von jeher, d. h. seitdem man den technischen Wert des Anthracens kennt, darin, diesen Kohlenwasserstoff in möglichst einfacher, also auch wirtschaftlicher Weise als hochprozentiges Erzeugnis zu erhalten. Man bedient sich hierzu verschiedener Verfahren, welche nahezu sämtlich auf der verschiedenen Löslichkeit des Anthracens und seiner Begleiter in verschiedenen Lösungsmitteln beruhen. Schon oben wurde angedeutet, daß das etwa 50% des Roherzeugnisses ausmachende „Phenanthren" durch seine Leichtlöslichkeit in Benzol sich scharf vom Anthracen und — wie hinzugefügt sein mag — auch vom Carbazol unterscheidet, so daß es unschwierig gelingt, durch Umlösen aus Benzol oder leichten Teerölen das erstere zu entfernen und ein gereinigtes, ziemlich phenanthrenfreies Anthracen mit einem Gehalt von 40—50% Anthracen auf diesem Wege zu erhalten. Eine weitere Steigerung des Anthracengehaltes wird indessen nach diesem Verfahren nicht oder nur sehr schwierig und gänzlich unwirtschaftlich erzielt, denn eine Trennung des Carbazols vom Anthracen mit Hilfe der erwähnten Lösungsmittel ist wegen des nahezu völlig gleichen Verhaltens der beiden Körper ihnen gegenüber praktisch unmöglich.

Trotzdem hat die Technik im Laufe der Zeit mehrere Lösungsmittel kennen gelehrt, welche, wie z. B. Pyridin, Aceton, flüssige schwefelige Säuren, flüssiges Ammoniak das Carbazol verhältnismäßig leicht, das Anthracen dagegen schwer lösen und mit ihrer Hilfe gelingt es in der Tat, die früher mit Recht als schwierig betrachtete Aufgabe der Trennung beider Körper zu lösen. Man erhält dann beim Umlösen aus diesen Lösungsmitteln aus dem vorgereinigten Anthracen Erzeugnisse, deren Gehalt unschwierig auf 90—99% gesteigert werden kann. Dazu kommt, daß in den erwähnten Mitteln auch die übrigen Anthracenbegleiter meist leicht löslich sind, so daß schon bei ihrer Anwendung allein durch ein einmaliges Umkrystallisieren des Rohanthracens Erzeugnisse von etwa 80% und durch Wiederholung des Verfahrens technisches Reinanthracen zu erhalten sind. Neben diesen durch Krystallisation zum Ziele führenden Verfahren hat man auch auf chemischem Wege versucht, die Trennung des Carbazols vom Anthracen durchzuführen und hierbei in der Tat bemerkenswerte Erfolge aufzuweisen. Unter ihnen ist vor allem das Verfahren zu nennen, welches sich der schwach sauren in dem Vorhandensein der Imidgruppe begründeten Natur des Carbazols bedient, indem es letzteres durch Behandlung mit Ätzkali bei höherer Temperatur in eine Kaliumverbindung überführt und diese mechanisch von dem nicht angegriffenen Anthracen trennt. Das Carbazolkalium wird durch Eintragen in Wasser leicht in Carbazol und wieder zu verwendendes Ätzkali zerlegt, das carbazolfreie Anthracen läßt sich durch Umkrystallisieren aus beliebigen Lösungsmitteln wie z. B. Benzol in eine hochprozentige Form überführen. Nachstehende Übersicht der bemerkenswertesten Vorschläge zur Reinigung von Anthracen gibt ein Bild des Entwicklungsganges dieses für die Farbstofferzeugung wichtigen Industriezweiges:

D.R.P. Nr. 42053 *Chem. Fabrik A.-G., in Hamburg.* Anthracenanreicherung durch Umlösen von Rohanthracen aus Pyridin und seinen Homologen, sowie aus aromatischen Basen.

D.R.P. Nr. 68474 *Farbenfabr. vorm. Fr. Bayer & Co.* Anthracenanreicherung unter Anwendung von flüssiger, schwefeliger Säure als Lösungsmittel.

D.R.P. Nr. 78861. Dieselben. Umlösen des Rohanthracens aus Aceton und seinen Homologen.

D.R.P. Nr. 111359. *Aktiengesellschaft für Teer- und Erdölindustrie.* Partielle Krystallisation des Rohanthracens und Behandlung des vorgereinigten Erzeugnisses mit Kali bei 260°.

D.R.P. Nr. 122852. *Dr. E. Wirth,* Behandlung des Rohanthracens in Benzollösung mit salpetriger Säure zwecks Überführung des Carbazol in leichtlösliches Nitrosocarbazol.

D.R.P Nr. 113291. *Thomas Wilton* in Bakton, Umlösen des Rohanthracens aus flüssigem Ammoniak.

D. R.P. Nr. 164508. *Dr Viktor Vesely* und *Emil Votocek,* Behandlung des Rohanthracens in einem indifferenten Lösungsmittel mit Schwefelsäure zwecks Überführung des Carbazols in seine Sulfosäure.

D.R.P. Nr. 178764. *Aktiengesellschaft für Anilinfabrikation*, Destillation des Rohanthracens im Vakuum in ein vorgelegtes Lösungsmittel.

D.R.P. Nr. 226112. *R. Fankhaenel*, Destillation des Rohanthracens mit Pyridindämpfen.

P.A.K. 64846. *Kinzelberger & Co.*, Erhitzen des Rohanthracens mit Ätzkali in einem indifferenten Lösungsmittel auf Temperaturen unter 200°.

In der Entwicklung der technischen Anthracenreinigung ist die Teerindustrie nicht führend gewesen, vielmehr hat sie sich, nachdem das Anthracen in die Farbstoffindustrie eingeführt worden war, lange Zeit damit begnügt, dasselbe in rohester Form als abgepreßtes oder halbgereinigtes Rohanthracen in den Handel zu bringen und den Alizarinfabriken die weitere Reinigung zu überlassen. Letztere wurde anfangs auch von den Verarbeitern des Anthracens nicht allzu weit getrieben, da man in der Lage war, das aus dem technischen Anthracen gewonnene Rohanthrachinon durch Lösen in Schwefelsäure in genügender Weise zu reinigen. Später ist dann die Alizarinindustrie dazu übergegangen, mit Hilfe der inzwischen ausgearbeiteten Verfahren das Anthracen vor seiner Oxydation in ein nahezu 100proz. Erzeugnis überzuführen, in welcher Form es auch heute noch zur Verarbeitung gelangt. In der Teerindustrie ist nur während einiger Jahre ein Teil des Anthracens in Form einer 80proz. Ware hergestellt und abgesetzt worden. Später hat man in Rücksicht auf die gedrückten Preise in dieser Industrie das vorgereinigte, 40—50% Anthracen enthaltende Erzeugnis als Verkaufstyp eingeführt und ihn bis heute beibehalten. Wie bereits erwähnt, wird aber selbst nicht einmal dieses in allen Verarbeitungsstätten gewonnen, sondern letztere ziehen häufig vor, das entfallende Rohanthracen zu vernichten oder als Rußmaterial zu verwerten.

β) **Betriebsverfahren.** Die Reinigung des Rohanthracens besteht, wie wir sahen, in den meisten Fällen in einem einfachen Umlösen des Rohanthracens, das man auch häufig als „Waschen" des letzteren bezeichnet. Die hierzu erforderlichen Apparate sind geschlossene, entweder mit Heizmantel oder mit Dampfschlange versehene Kessel von beliebiger Größe, in denen ein Rührwerk für eine gute Durchmischung des bei geringerem Dampfdruck nicht einmal vollkommen in Lösung gehenden Anthracens mit dem Lösungsmittel sorgt. Man erhitzt beide so hoch als möglich (bei leicht siedenden Lösungsmitteln wie Aceton und Pyridin bis zu deren Siedepunkt und unter Rückflußkühlung) und läßt die Beschickung entweder in dem gleichen Behälter, indem man den Heizraum mit Kühlwasser speist oder zweckmäßiger in einem besonderen, als Rührkühler ausgebildeten Kessel auf gewöhnliche Temperatur wieder abkühlen. Die hierbei ausgeschiedenen Krystalle werden von ihrer Mutterlauge in den meisten Fällen durch Nutschen getrennt, zentrifugiert und — wenn erforderlich — getrocknet. Von großer Wichtigkeit und für die Wirtschaftlichkeit des Verfahrens oft entscheidend, ist die möglichst restlose Wiedergewinnung des Lösungsmittels. Diese erfolgt durch Abdestillieren der Mutterlauge in Dampf- oder Freifeuerblasen, wobei man die Destillation bis zum schnellen Steigen der Temperatur der übergehenden Dämpfe fortsetzt.

Der Blasenrückstand, meist als „Rohphenanthren" bezeichnet, dürfte in den meisten Fällen durch Verbrennung oder Verrußung vernichtet werden. Schwieriger ist es, die beim Nutschen, Zentrifugieren und Trocknen entweichenden Dämpfe des Lösungsmittels wieder zu kondensieren. Das hierzu einzuschlagende Verfahren ist völlig abhängig von der Natur des Lösungsmittels, ist aber selbst in gut eingerichteten Anlagen mit Verlusten verbunden. Das Fertigerzeugnis kommt in Form trockener, krystallinischer Pulver in den Handel; es wird ganz allgemein nur nach seinem Reingehalt bezahlt, der sich mit großer Schärfe (siehe unter γ) ermitteln läßt.

Wesentlich verschieden von vorstehend beschriebenem Verfahren ist der Arbeitsgang, bei welchem das Carbazol in Form seiner Kaliumverbindung abgetrennt wird. Abgesehen von den in obigen Patenten beschriebenen Modifikationen dieses Prozesses, erfolgt die Carbazolschmelze durch Erhitzen des Rohanthracens mit Ätzkali in gußeisernen, geschlossenen Rührblasen auf 240 bis 260°, wobei man die Einwirkung beider Stoffe aufeinander so lange fortsetzt, als noch Wasser in nennenswerter Menge abgespalten wird. Nach dem Erkalten der fertigen, in besondere Pfannen oder Behälter abgelassenen Schmelze findet sich das Carbazolkalium am Boden der Gefäße als harte Masse vor, welche sich meist leicht und glatt von dem nicht angegriffenen Anthracen auf mechanischem Wege trennen läßt. Die Regenerierung des Ätzkalis erfolgt schon bei längerem Liegen selbst größerer Stücke der Kaliumverbindung in kaltem Wasser, wobei neben Kalilauge das Rohcarbazol in Form grauer, leicht zerreiblicher Massen erhalten wird. Die weitere Behandlung des ausgeschmolzenen Anthracens ergibt sich aus dem oben über die Anreicherung durch Umlösen Gesagten.

γ) Anthracenanalyse. Die seit Jahrzehnten gebräuchliche Untersuchung der anthracenhaltigen Handelserzeugnisse erstreckt sich lediglich auf den Gehalt an Reinanthracen, welches allein in der Ware bezahlt wird. Das hierbei angewandte Verfahren beruht auf der Überführung des Anthracens in das leicht zu reinigende Anthrachinon und gestaltet sich wie folgt:

1 g der Probe wird in einem Kolben von $^{1}/_{2}$ l Inhalt, der mit einem Rückflußkühler versehen ist, mit 45 ccm Eisessig versetzt und zum Sieden gebracht. In die dauernd im Sieden gehaltene Lösung läßt man eine Lösung von 15 g krystallisierter 90 prozentiger Chromsäure in 10 g Wasser und 10 g Eisessig oder 25 ccm einer so hergestellten Vorratslösung so langsam eintropfen, daß dies 2 Stunden in Anspruch nimmt. Die Flüssigkeit wird noch weitere 2 Stunden zum Sieden erhitzt, bleibt dann 12 Stunden im Kolben stehen und wird, mit 400 ccm kaltem, destilliertem Wasser vermischt, nochmals 3 Stunden der Ruhe überlassen.

Das ausgeschiedene Anthrachinon wird abfiltriert, mit destilliertem Wasser bis zum Verschwinden der sauren Reaktion, hierauf mit etwa 200 ccm siedender Ätznatronlösung (10 g im Liter) ausgewaschen, bis das Filtrat vollkommen farblos abläuft, und zuletzt mit heißem Wasser bis zum Verschwinden der alkalischen Reaktion behandelt.

Das mit möglichst wenig Wasser auf ein geräumiges Uhrglas gespülte Anthrachinon wird nach dem Verdampfen des Wassers auf dem Wasserbade bei 100°C getrocknet, mit 10 ccm rauchender Schwefelsäure von etwa 16% Anhydridgehalt versetzt und 10 Minuten im Wasserdampfluftbad auf 100°C erwärmt. Das Uhrglas mit der Lösung bringt man auf eine dicke Lage angefeuchteten Filtrierpapiers unter eine geräumige Glasglocke und läßt es dort 12 Stunden stehen. Der durch Wasseraufnahme entstandene Krystallbrei wird mit 200 ccm Wasser in ein Becherglas gespült, filtriert und auf dem Filter wie vorher nacheinander mit reinem Wasser, siedender Ätznatronlösung und heißem Wasser vollständig ausgewaschen.

Das Anthracen wird vom Filter in eine Platinschale gespritzt, das Wasser auf dem Wasserbade verdampft und die Schale bei 100°C getrocknet und gewogen.

Das Anthrachinon wird schließlich durch vorsichtiges, nicht zum Glühen der Schale gesteigertes Erhitzen verflüchtigt und letztere mit dem Aschen- und Kohlenrückstand gewogen.

Der Gewichtsunterschied der beiden Wägungen ergibt die Menge des erhaltenen Anthrachinons. Durch Multiplikation mit dem Koeffizienten 0,8558 erhält man den Gehalt der Probe an Reinanthracen.

d) Das Carbazol.

Nachdem das Carbazol lange Zeit hindurch nur als wissenschaftliches Laboratoriumspräparat bekannt war und verwendet wurde, gewann es in den letzten Jahren des vorigen Jahrhunderts vorübergehend eine mäßige, technische Bedeutung in Form eines, als Azokomponente verwendeten Derivates. Später erlosch das Interesse an dem Körper und damit auch seine betriebsmäßige Herstellung, bis es etwa seit dem Jahre 1908 als Ausgangsmaterial für gewisse Schwefelfarbstoffe (Hydronblau) wieder technische Bedeutung erlangt hat. Die Gewinnung des Carbazols ist seitens der Teerindustrie seit einigen Jahren wenn auch nur in mäßigem Umfange und infolge wechselnder Nachfrage oft unterbrochen, aufgenommen worden und hat das Präparat sowohl im rohen als auch gereinigten Zustand dem Handel zugeführt.

Das Rohcarbazol entfällt bei der Anthracenreinigung und stellt, aus seiner Kaliumverbindung, wie oben beschrieben, gewonnen eine graue leicht zerreibliche Masse dar, welche etwa 60—65% Carbazol, daneben aber noch beträchtliche Mengen Wasser, anorganische Reste und etwa 2—3% Anthracen enthält. Zu seiner Reinigung wird es der Destillation oder Sublimation unterworfen, wobei ein krystallinisches, gelblichweißes Destillat mit einem Gehalt von 85—90% Carbazol entfällt. Durch Umkrystallisieren z. B. aus Benzol, kann letzteres weiter (bis zu 99—100%) gereinigt werden und bildet dann weiße, violett fluoreszierende Blättchen vom Schmelzp. 235 bis 238°. Im Handel findet sich sowohl das vorgereinigte Erzeugnis mit einem Gehalt von 87—90%, als auch das gereinigte Präparat mit einem Reingehalt von mindestens 95%.

Zwecks Ermittlung des Carbazolgehaltes bestimmt man — wenigstens in den über die Kaliumverbindung gewonnenen Erzeugnissen — am einfachsten den Stickstoff nach einem der bekannten Verfahren und rechnet das Ergebnis auf Carbazol um, unter der — richtigen — Annahme, daß andere stickstoffhaltige Körper in diesen Präparaten nicht vorhanden sind. Will man diese Voraussetzung bei den verschiedenen Arten von Rohanthracen, welche auch noch kleine Mengen Basen enthalten, nicht gelten lassen, so verfährt man in diesem Falle zweckmäßig so, daß man 1 kg des zu untersuchenden Rohanthracens in einer 2 l fassenden, geschlossenen, eisernen Rührblase einer Probeschmelze mit etwa 300 g festem Ätzkali bei einer Temperatur von 250° unterwirft, nach Beendigung der Wasserabspaltung erkalten läßt, das Rohcarbazol wie im Großbetrieb (siehe oben) isoliert, wiegt und durch eine Stickstoffbestimmung seinen Reingehalt ermittelt.

e) Das Phenanthren.

Trotz zahlreicher Bemühungen hat man dem Isomeren des Anthracens, dem im Steinkohlenteer offenbar in weit größerer Menge als dieses sich findenden Phenanthren bisher noch keinen Eingang in die organische Technik verschaffen können und so bildet es, wie von jeher, auch heute noch ein lästiges Abfallerzeugnis der Anthracenreinigung. Es entfällt bei letzterer vor allem als Rückstand bei der Destillation des zum Umlösen des Rohanthracens verwendeten Benzols und bildet dann mehr oder weniger dunkel gefärbte, unter 100° schmelzende, krystallinische Massen, die noch mit reichlichen Mengen von Öl durchtränkt sind. Will man von diesem gewöhnlich als Rohphenanthren oder auch kurz als ,,Phenanthren'' bezeichneten Erzeugnis zum Reinprodukt gelangen, so ist zunächst eine eingehende, wegen des hochliegenden Siedepunktes keineswegs leicht durchzuführende Fraktionierung erforderlich, denn das Rohphenanthren enthält neben Phenanthren ja auch alle Anthracenbegleiter, welche wie Fluoren, Biphenylenoxyd u. a. m. unter 300° übergehen. Bei dieser Destillation wird eine möglichst zwischen 210 und 225° übergehende Fraktion gewonnen, welche nunmehr noch von homologen Fluorenen, Biphenylenoxyden und von Carbazol durch eine Kalischmelze, sowie besonders von Anthracen zu befreien ist, welches sich gewöhnlich in einer Menge von 5—10% vorfindet. Letzteres kann annähernd durch Umlösen aus Toluol bei tiefer Temperatur[1] oder auch nach einem Vorschlag von *Anschütz* und *Schulte*[2] durch Oxydation erfolgen, worauf man am Schluß eine Krystallisation aus Alkohol anschließt. Man erhält dadurch glänzende, große Blätter vom Schmelzp. 96° (unkorrig.), die als praktisch reines Phenanthren angesehen werden können. Dieses umständliche Reinigungsverfahren wird bis soweit, mangels eines größere Mengen beanspruchenden Verwendungszweckes im großen nicht durchgeführt, vielmehr zieht man fast durchweg vor, das Rohphenanthren auf irgendeine Weise z. B. durch Verbrennen zu vernichten.

---

[1] Ber. d. Dtsch. chem. Ges. **19**, 761 (1886).
[2] Ann. d. Chem. u. Phys. **196**, 35.

Eine einwandfreie, brauchbare Phenanthrenanalyse ist bis jetzt noch nicht bekannt geworden.

K. Das Pech.

a) Zusammensetzung.

Das Pech bildet den Rückstand, welcher bei der Destillation des Steinkohlenteers nach Abnahme der Öle als ein mit den gewöhnlichen Hilfsmitteln nicht oder nur schwer destillierbarer Rest hinterbleibt. Die Bezeichnung „Pech" ist allgemeiner Art und wird auch bei anderen Destillationsrückständen (z. B. Petrolpech, Stearinpech, Naphtholpech u. a. m.) verwendet, sofern sie nur die auch beim Steinkohlenteerpech sich findenden, charakteristischen Merkmale aufweisen und aus dunklen, amorphen festen oder halbfesten Massen bestehen, über deren Zusammensetzung man nicht viel aussagen kann. So sind auch die Bestandteile des uns hier beschäftigenden Steinkohlenteerpechs nur wenig untersucht, immerhin weiß man, daß auch sie die drei, in allen Fraktionen des Teers auftretenden, charakteristischen Gruppen, Kohlenwasserstoffe, Phenole und Basen enthalten, welche hier in Form hochsiedender (über 340° übergehender) und hoch molekularer, kondensierter Verbindungen auftreten, die zudem noch untereinander große, die Trennung außerordentlich erschwerende Ähnlichkeiten aufweisen. Man faßt diese Körper auch wohl unter dem Sammelnamen „Bitumen" zusammen und bezeichnet damit kurz diejenigen Bestandteile des Pechs, die infolge ihrer Löslichkeit in gewissen, besonders hierzu geeigneten Lösungsmitteln sich als organische Verbindungen charakterisieren lassen. Neben ihnen enthält das Pech noch den schon im Rohteer vorhandenen amorphen, freien Kohlenstoff, welcher durch seine Unlöslichkeit in allen Lösungsmitteln von dem Bitumen scharf unterschieden werden muß und vermöge dieser Eigenschaft von letzterem verhältnismäßig leicht getrennt werden kann (s. Analyse des Pechs). Da die hochmolekularen, im Steinkohlenteer enthaltenen Verbindungen beim Erhitzen leicht zur Zersetzung und zur Abspaltung von Kohlenstoff neigen, stammt in den meisten Fällen nicht aller, im Pech bestimmbarer Kohlenstoff von vornherein aus dem Ausgangsmaterial der Destillation. dem Teer, sondern muß zum Teil auf Neubildung während der Destillation zurückgeführt werden. Es läßt sich aber zeigen, daß ein im hohen Vakuum, also bei niederer Temperatur destillierter Steinkohlenteer, in dem aus ihm erzeugten Pech nicht mehr Kohlenstoff enthält als dem Gehalt des zu seiner Herstellung angewandten Teers entspricht, während schon bei mäßigem Vakuum und in erhöhtem Maße unter Atmosphärendruck mehr oder weniger große Mengen Kohlenstoff im Aufarbeitungsprozeß zu dem ursprünglich vorhandenen neu hinzutreten[1].

Der bitumenfreie Kohlenstoff des Pechs stellt ein amorphes, schwarzes Pulver dar, das beim Erhitzen im Glühröhrchen keinerlei Zersetzungsdämpfe oder Destillate mehr abgibt, demnach als frei von organischen Verbindungen

---

[1] Nach Versuchen des Verf. gemeinschaftlich mit *O. Preiß*.

128   Der Steinkohlenteer.

angesehen werden kann. Das Bitumen ist, wie erwähnt, noch wenig untersucht. Unter den in ihm enthaltenen Kohlenwasserstoffen sind vor allem drei durch die Forschung etwas näher aufgeklärt: Fluoranthen (Schmelzp. 109—110°, Siedep. 250—251°, 60 mm), Pyren (Schmelzp. 145—149°, Siedep. oberhalb 360°), Chrysen (Schmelzp. 250°, Siedep. 448°, 760 mm). Von diesen erinnert hinsichtlich Löslichkeit und chemischen Verhaltens das Fluoranthen an das Fluoren, das Pyren an das Phenanthren und das Chrysen an das Anthracen. Die Trennung und Isolierung dieser Körper kann aus dem

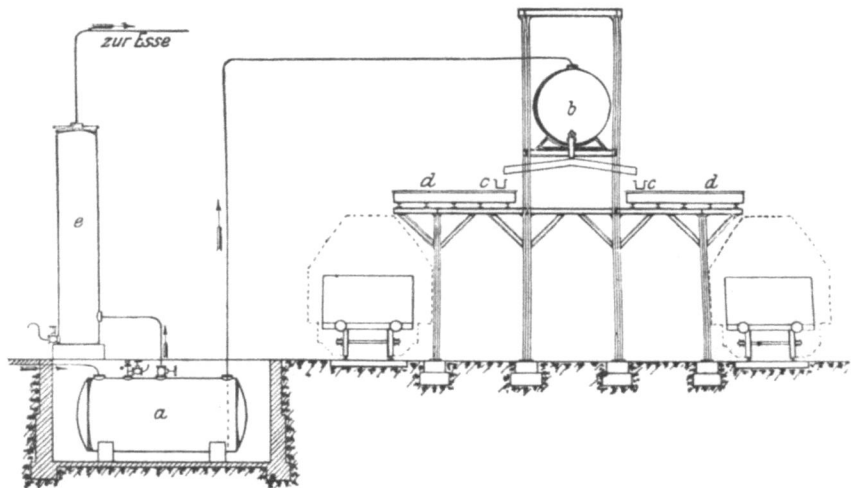

Fig. 23. Schema einer Anlage zum Kühlen und Verladen von Pech. Apparate: a Ablaßkessel der Teerretorte. b Pechkühlkessel. c Ablaßrinnen. d Pechkühlkästen. e Dunstturm.

extrahierten Bitumen nur auf dem Wege umständlicher Fraktionierung im hohen Vakuum, sowie der Krystallisation sowohl der Pikrate als der freien Körper bewirkt werden. Erstere ist durch die hohe Siedetemperatur, letztere durch die Ähnlichkeit der Löslichkeiten untereinander sehr erschwert. Der Ausführung derartiger Reindarstellungen im großen Maßstabe würden sich — wofern sie technisches Interesse besäßen — vorläufig noch unüberwindliche Schwierigkeiten entgegenstellen. Die Phenole und Basen des Bitumens sind noch völlig unaufgeklärt; sie werden in Form goldgelber, zum Teil sehr viscöser Öle erhalten, welche im übrigen durchaus den Charakter ihrer Gruppe aufweisen. Von Interesse ist noch der Nachweis eines Carbazols, und zwar des Phenylnaphtylcarbazols unter den Bestandteilen des Bitumens[1].

b) Gewinnung im Betrieb, Handelserzeugnisse.

Das Pech entfällt nach Beendigung der Destillation des Teers als hocherhitzter dünnflüssiger Rückstand, dessen weitere Behandlung in erster Linie

---

[1] *Brunck, Vischer, Graebe*, Ber. d. Dtsch. chem. Ges. **12**, 341 (1879).

unter dem Gesichtspunkt erfolgt, das Erkalten, Zerkleinern und Verladen dieses Massenerzeugnisses so zweckmäßig und so billig wie nur möglich zu gestalten. Zu diesem Zweck füllt man das Pech im flüssigen Zustand entweder in hierzu geeignete Formen ab, aus denen es nach dem Erkalten in leicht transportablen Blöcken erhalten werden kann oder man läßt es in Pfannen erkalten, aus denen es, auf die eine oder andere Weise in Schollen losgebrochen, mittelbar oder unmittelbar in die zum Versand bestimmten Waggons befördert werden kann (Fig. 23). Das Jahrzehnte angewandte Verfahren, das Pech in tiefliegenden Gruben erkalten zu lassen, diese von Hand auszuräumen und das Erzeugnis in Stücken in gewöhnlich höherstehende Waggons zu verladen, kann als veraltet bezeichnet werden. Bevor man das flüssige Pech in die oben erwähnten Pfannen oder Formen abfüllt, ist es angezeigt, es zwecks Vermeidung von Belästigungen durch seine, die Schleimhäute stark angreifenden Dämpfe in geschlossenen Behältern, z. B. in hochstehenden, schmiedeeisernen Kesseln oder Kästen soweit abkühlen zu lassen, daß es zwar noch fließt, aber keine größeren Mengen Dämpfe mehr entwickelt. Zur Beförderung in diese als Pechkühler bezeichnete Zwischengefäße wird in den meisten Fällen das in den Retorten als Rückstand gewonnene Pech bald nach Beendigung der Destillation in schmiedeeiserne Druckkessel abgelassen und aus diesen durch Druckluft (bisweilen auch durch trockenen, hochgespannten Dampf) in der gleichen Weise wie die Teeröle weiter befördert. Um auch die durch Entweichen der erwärmten Luft in den Gefäßen oder der entspannten Preßluft mitgeführten Pechdämpfe für die Umgebung unschädlich zu machen, verbindet man zweckmäßig Druckkessel und Kühler mit einem Dunstturm (leerer oder mit Koks gefüllter Zylinder) sowie diesen wiederum mit Abzugskanälen irgendwelcher Art, in welchen im Laufe der Zeit sich geringe Mengen öliger und fester Massen niederschlagen. Was das Verweilen des Pechs in den Kühlern betrifft, so ist zu beachten, daß dieses Erzeugnis als amorphes Gemisch keinen eigentlichen Schmelzpunkt aufweist, sondern aus dem Flüssigkeitszustand allmählich in den festen Zustand übergeht, so daß man also den rechten Augenblick, in dem das Pech noch flüssig genug ist, um sich in Rinnen und Leitungen bewegen zu können nicht versäumen darf.

Zahlreiche Vorschläge sind für eine zweckmäßige, wirtschaftlich vorteilhafte Art des Abkühlens und Verladens von Pech gemacht worden, von denen freilich nur eine sehr kleine Zahl im Großbetrieb dauernden Eingang gefunden hat. Nach dem D.R.P. Nr. 217 427 der Firma *Chem. Fabrik Lindenhof, Weyl & Co.* läuft das flüssige Pech aus einem Hochbehälter in etagenförmig angeordnete, kippbare Pfannen, aus denen es nach dem Erkalten durch freien Fall in einen Zwischenbehälter und schließlich in Waggons befördert werden kann. Eine Art kontinuierlichen Betrieb stellt die Einrichtung der Firma *K. Still*, Recklinghausen (D.R.P. Nr. 272 140) dar, bei welcher das flüssige Pech in Mulden abläuft, die, auf einem Transportband befestigt, langsam gehoben werden, hierbei erkalten und endlich durch Kippen entleert werden. Nach dem G.M. Nr. 572 394 der *Ges. f. Teerverwertung* wird das flüssige Pech in flache kippbare Kühlpfannen eingefüllt und nach dem Losbrechen ihres erstarrten Inhaltes unmittelbar in tieferstehende Versandwagen entleert. Das Zerkleinern des in Pfannen erstarrten Pechs suchen verschiedene Einrichtungen unter Ersparung von Handarbeit wie folgt zu erleichtern: Die Firma *C. Still* (Anm. St. 20 142) legt zu diesem Zwecke eine Kette in die Pfanne, welche nach dem Erkalten des Inhaltes mit Gewalt losgerissen wird. Die auf diese Weise zerkleinerte Pechmasse wird sodann mechanisch durch eine Art Schieber aus dem Kasten entfernt. Nach dem D.R.P. Nr. 274 972 (*P. W. Uhlmann*) soll das Zerkleinern des Pfanneninhaltes auch dadurch erfolgen, daß man den Boden mit einem losen Blech bedeckt und durch Einblasen von Druckluft unter dieses die erstarrte Masse in Schollen zerbricht. Nach einem Vorschlag von *A. Graf* (D.R.P. Nr. 224 257) lassen sich Kühlung, Zerkleinern und Verladen des Pechs vereinigen, wenn man dieses in flüssigem Zustand in Wasser laufen läßt, in welchem Förderbänder unter dem Zulauf liegen und das schnell erkaltete und erstarrte Pech sogleich weiter befördern. Den gleichen Gedanken in etwas abgeänderter Form verfolgt die P.A.G. 50 975 (*Güntler*), nach welcher das flüssige Pech in eine Rinne läuft, in welcher fließendes Wasser für schnelle Abkühlung, Zerkleinerung und Beförderung der Pechkörner sorgt. Beim Abfüllen des Pechs in kleinere Formen, welche sich zur Überführung des Erzeugnisses in transportable Blöcke eignen, bedient man sich gewöhnlich gußeiserner, zweiteiliger Zylinder, deren Teile in einfacher Weise, z. B. durch einen Eisenreif zusammengehalten werden und nach dem Erkalten des Inhaltes leicht wieder auseinandergenommen werden können. Man erhält auf diese Weise einen Block von 200 bis 300 kg Gewicht, welcher durch Greifer und Kräne mechanisch gehoben und verladen werden kann. Als eine solche, dem gleichen Zweck dienende, leicht zusammensetzbare und auseinandernehmbare Form wird in der P.A.H. 69 639 (*W. v. d. Heyde*) ein zusammengebogenes, rechteckiges Blech empfohlen, dessen eine Kante zwecks Herstellung des Verschlusses nutenartig ausgestaltet ist.

Nahezu das gesamte Pech wird in der oben beschriebenen Weise in Form des sog. mittelweichen Brikettpechs gewonnen, dessen Erweichungspunkt (s. Pechanalyse) zwischen 60 und 75° liegt. Nur in seltenen Fällen werden für besondere Zwecke weichere oder härtere Erzeugnisse benötigt, deren Erweichungspunkte dann zwischen 45 und 60° (Weichpech) oder zwischen 75 und 90° (Hartpech) zu liegen pflegen. Wie wir bereits sahen, wird die Konsistenz des Pechs in erster Linie durch die Menge des aus dem Teer abdestillierten Anthracenöls beeinflußt, welche rein erfahrungsgemäß von der Höhe des zu erzielenden Erweichungspunktes abhängig gemacht wird. In früheren Jahren hat man, solange noch das Anthracen als wertvolles Erzeugnis gelten konnte, häufig die Teerdestillation bis zum Entfall von Hartpech getrieben und letzteres sodann durch Zusatz von schweren Teerölen aller Art in mittelweiches Pech übergeführt. Dieses heute kaum noch angewandte Verfahren erfolgt in der Weise, daß man entweder in der Retorte nach beendeter Destillation oder in dem an die Retorte angeschlossenen Ablaßkessel dem noch flüssigen Pech die nötigen Ölmengen unter Rühren mittels eingeblasener Luft zusetzte. Obwohl man, wie erwähnt, das Verfahren verlassen hat, bestehen doch meist noch die zu seiner Ausführung dienenden Luft-Rührwerke, welche heute zum Einstellen zufällig zu hart oder zu weich gewordener Chargen, sodann aber auch zur Bereitung des später zu behandelnden, präparierten Teers verwendet werden.

c) Verwendungszwecke, Statistik.

α) Brikettierung. Das Pech wird in erster Linie als Bindemittel für die Herstellung von Steinkohlenbriketts verwendet. Die hierfür geeignete (Mager-)Kohle wird in Form von Feinkohle mit 7—8% gemahlenem Pech vermischt und in Brikettpressen unter Erwärmen in die gewünschten Formen gebracht. An das hierzu geeignete Pech hat man begreiflicherweise im Laufe der Zeit die verschiedenartigsten Anforderungen gestellt, ohne indessen zu genauen Unterlagen für die Ermittlung der Bindefähigkeit des Pechs zu gelangen. Im allgemeinen kann man wohl sagen, daß bitumenreiches Pech sich zu Brikettierung besser eignet als ein kohlenstoffreiches, sog. mageres Erzeugnis; es scheint aber, daß auch die Beschaffenheit der Kohle bei der Beurteilung der Bindefähigkeit eine gewisse Berücksichtigung verdient. Der größte deutsche Verbraucher von Brikettpech, das *Rheinisch-Westfälische Kohlensyndikat*, stellt an ein brauchbares Brikettpech folgende Anforderungen:

Der Erweichungspunkt nach *Kraemer-Sarnow* soll zwischen 60 und 75° liegen; die Verkokung nach *Brockmann-Muck* soll höchstens 45% Verkokungsrückstand ergeben.

Die Menge der Asche darf 0,5% nicht überschreiten.

Der Gehalt an freiem Kohlenstoff darf bei Gasteerpech nicht mehr als 30%, bei Kokereiteerpech nicht mehr als 25% betragen[1].

β) Präparierter Teer. Für eine große Anzahl von Verwendungszwecken, für welche man früher Rohteer gebrauchte, verarbeitet man heute die unter der Bezeichnung präparierter Teer bekannten Auflösungen von Pech in schweren Steinkohlenteerölen. Unzweifelhaft haben diese künstlichen Mischungen vor dem Rohteer gewisse Vorteile voraus, als welche vor allem ihre Wasserfreiheit sowie die Möglichkeit, sie mit Sicherheit in jeder gewünschten Konsistenz herstellen zu können, erwähnenswert sind. Ihre Erzeugung ist ungemein einfach und besteht darin, daß man das flüssige Pech unter Rühren (mit Luft) in das vorgelegte Öl einfließen läßt und zum Schluß das Ganze bis zur völligen Gleichmäßigkeit der Konsistenz durchmischt. Zweckmäßig verwendet man als Mischgefäß die mit Rührwerk versehenen Ablaßkessel der Retorten, seltener diese selbst. Die Konsistenz bestimmt man meist durch Ermittlung des spezifischen Gewichtes, was, solange man nur ein und dasselbe Ausgangsmaterial verarbeitet, durchaus einwandfrei ist. Die aus Teeren verschiedener Herkunft, insbesondere die aus Gas- und

---
[1] Ausführung der Bestimmungen siehe unter Pechanalyse.

die aus Kokereiteeren bereiteten, präparierten Teere lassen sich untereinander dagegen nicht mit Hilfe dieser Konstante vergleichen. Auch der *Lunge*sche Teerprüfer[1], welcher die Eintauchszeit eines Senkkörpers von bestimmten Dimensionen ermittelt, wird bisweilen für die Konsistenzbestimmung präparierter Teere verwendet. Für die einzelnen Zwecke sind in der Praxis gewöhnlich noch Sonderbezeichnungen gebräuchlich. So versteht man unter Dachpappenteer einen präparierten Teer von ziemlich dickflüssiger Beschaffenheit, welcher zur Herstellung von Dach- und Isolierpappen Verwendung findet. Bei dieser Fabrikation wird Rohpappe, welche aus einer stark porösen, grauen Papiermasse besteht, durch angewärmten Teer in Pfannen getränkt und hierauf mit trockenem, gesiebten Sand verschiedenster Korngröße von Hand oder auf mechanischem Wege bestreut. Die Dachpappe gelangt in Rollen von 10 bis 15 m Länge und in verschiedenen Stärken in den Handel und hat sich als wohlfeiles Bedachungsmaterial in rasch zunehmendem Umfang in die Praxis eingeführt.

Von großer technischer Bedeutung ist im Laufe der letzten Jahrzehnte der Stahlwerksteer geworden, welcher einen präparierten Teer von ziemlich hoher Viscosität darstellt und als Bindemittel für die basischen Auskleidungen der Thomasbirnen und Siemens-Martinöfen dient. Der Teer wird hierbei mit feingemahlenem Magnesit zusammengeknetet, worauf man aus der Masse Steine in geeigneter Größe formt und sie durch Brennen erhärtet. Der Teer gibt hierbei unter teilweiser Verkokung einen Teil seiner flüchtigen Bestandteile ab, der zurückbleibende Kohlenstoff bildet das den Magnesit zusammenhaltende Gerüst. Da die Haltbarkeit der mit diesen Steinen hergestellten Auskleidungen im Stahlwerksbetrieb eine große Rolle spielt, hat man versucht, die Zusammensetzung des Stahlwerksteers zu dieser Haltbarkeit in eine bestimmbare Beziehung zu setzen und hieraus gewisse Beschaffenheitsbedingungen für die Teere abzuleiten. Der Erfolg dieser Bestrebungen ist nur sehr gering gewesen, denn es fehlt, wie beim Brikettpech, an einem einwandfreien Maß für die Bindefähigkeit des Teers, besonders nachdem er mit Dolomit erhitzt worden und demnach weitgehend verändert worden ist.

Etwa seit 10 Jahren hat man in Deutschland begonnen, den präparierten Teer auch für Straßenbauzwecke nutzbar zu machen. Man muß hier zweierlei unterscheiden: Die Oberflächenteerung, bei welcher ein verhältnismäßig dünnflüssiger Teer (von ca. 50% Pechgehalt) in angewärmtem Zustand auf die fertigen Straßen gesprengt und hierauf besandet wird und die sog. Innenteerung, bei welcher Schotter verschiedener Korngröße mit Teer (von 60—70% Pechgehalt) durchtränkt und schichtweise eingewalzt wird. Beide Verfahren haben Erfolge aufzuweisen. Die Teerstraßen zeigen sich durch Staubfreiheit und bei sachgemäßem Einbau durch große Haltbarkeit aus; immerhin befindet sich der Teerstraßenbau auch heute noch im Anfangsstadium der Entwicklung. Die hierfür verwendeten präparierten Teere führen häufig die Bezeichnung Straßenteere.

---

[1] *G. Lunge,* Zeitschr. f. angew. Chem. 1894, S. 449.

Bei der Herstellung von elektrischen Kohlen aller Art wie Elektroden, Kohlenstiften, Elementkohlen u. dgl. wird ein ziemlich konsistenter, präparierter Teer gleichfalls als Bindemittel verwendet. Die Erzeugung derartiger „künstlicher Kohlen" besteht bekanntlich darin, daß man kohlenstoffreiche Materialien wie Graphit, Anthrazit, Ruß, Petrolkoks in gemahlenem Zustand mit Teer zu knetbaren Massen vereinigt, diese formt und die Stücke hierauf unter Luftabschluß einem Glühprozeß unterwirft. Auch hier werden die öligen Bestandteile des Teers teils verflüchtigt, teils verbrannt, teils verkokt. Der hinterbleibende Koks bildet wiederum das tragende und haltende Gerüst für die übrigen Bestandteile der Mischung. Auch über die Beschaffenheitsbedingungen für diesen Elektrodenteer herrscht keineswegs Einigkeit unter den Fachleuten, denn auch hier fehlt der Maßstab für die Bindefähigkeit des Teers unter den Bedingungen des Glühprozesses. Schon seit geraumer Zeit hat man dünnflüssige, präparierte Teere für konservierende Anstriche der verschiedensten Art verwendet, insbesondere behandelt man größere Eisenstücke, Wasserrohre, Trägerkonstruktionen, Tanks u. dgl. mit ziemlich dünnflüssigem, präparierten Teer, der freilich in dieser Form erst nach längerer Zeit teils durch Verdunstung der in ihm enthaltenen Öle, teils durch Verharzung infolge oxydativer Einflüsse der Luft den erwünschten, trockenen Lacküberzug bildet. Hierher gehört auch die Verwendung derartiger Teere als Dachlack, d. h. als Anstrichsmittel für ältere, nicht mehr völlig undurchlässige Pappdächer. Erzeugnisse, welche hinsichtlich ihrer Konsistenz den Übergang von den präparierten Teeren zum Pech bilden, gelangen in Form von Weichpechen mit niedrigem Erweichungspunkt (40 bis 45° nach *Kraemer-Sarnow*) für mancherlei Zwecke der Dachdeckungsindustrie als Klebemasse oder auch des Straßenbaues unter der Bezeichnung Pflasterkitt, Holzzement u. dgl. in den Handel. In ersterem Falle dienen sie zum Festkleben der Dachpappe, im letzteren zur Verkittung von Holzpflaster. Auch bei dieser Verwendung rechnet man auf eine allmähliche Erhärtung des Binde- oder Klebemittels, welches gleichwohl längere Zeit nachgiebig oder plastisch bleibt. Sein hierfür in Frage kommendes, besonderes Verhalten suchte man früher noch dadurch zu verbessern, daß man den Weichpech auch andere als Klebstoff dienende Materialien wie Fichtenharz u. dgl. zusetzte, oder man behandelte das erhitzte Pech mit Schwefel, welcher hierbei vermutlich als kondensierend wirkendes Agens gedacht war. Um derartigen Massen, welche unter dem Einfluß sommerlicher Temperaturen leicht dünnflüssig werden, einen gewissen Körper zu geben, werden ihnen auch bisweilen Füllstoffe wie Schlämmkreide, Talkum, Flugstaub u. a. m. zugesetzt.

Weit verbreitet für konservierende Anstriche feinerer Eisenteile ist die Verwendung von Eisenlack, welcher aus einer Auflösung von Pech in leicht verdunstenden Ölen der verschiedensten Art besteht. Als letztere werden wohl in den meisten Fällen Benzole, besonders Lösungsbenzol, ja selbst rohes Leichtöl verwendet. Da man an einen guten Eisenlack nicht nur die Forderung stellt, daß er schnell trocknet, sondern auch, daß er einen gleichmäßigen Überzug von hohem Glanz hinterläßt, eignen sich für diesen Zweck nicht die mageren, kohlenstoffreichen Peche, sondern nur die aus bestem Kokereiteer in schonendster Destillation gewonnenen Erzeugnisse. Einen vorzüglichen Eisenlack von hohem Glanz gibt auch das aus Ölgasteer gewonnene, sehr bitumenreiche Pech. Daneben finden sich im Handel noch Lacke, deren Eigenschaften man durch Zusatz der verschiedenartigsten lösungs- und lackbildenden Mittel zu verbessern suchte, ohne daß sich indessen hierbei besonders bemerkenswerte Ergebnisse herausgebildet hätten.

γ) **Pechverkokung.** Schon in früheren Jahren hat man vielfach versucht, das Pech durch erzwungene Destillation, ähnlich dem Kracken von Mineralölrückständen, weiter auszuwerten, wobei man ebensowohl auf die Gewinnung von verwendbaren Ölen, als auch eines besonders wertvollen Kokses rechnete. Diese Versuche konnten indessen solange keinen wirtschaftlichen Erfolg haben, als die beiden erwähnten Erzeugnisse von den sie verwendeten Industrien nur gering bewertet wurden und solange das Pech selbst zu erträglichen Preisen absetzbar war. Letzteres ist nun bis auf den heutigen Tag der Fall gewesen, ja man kann sagen, daß der Wert des Pechs allein eher zu- als abgenommen hat. Dagegen ist im Laufe des Krieges und in den nachfolgenden Jahren in der Bewertung der Öle und für gewisse Zwecke des Pechkokses eine durchgreifende Änderung eingetreten. Erstere haben, wie wir sahen, eine schnell wachsende Bedeutung gewonnen, letzterer mußte für die Herstellung elektrischer Kohlen, den im Kriege nicht oder nur äußerst schwer erhältlichen Petrolkoks ersetzen. So ist es in den letzten Jahren dazu gekommen, die Verkokung des Pechs eingehender zu bearbeiten und in nicht geringem Umfang großtechnisch zu betreiben.

Wenn man bei der Rohteerdestillation nach Abnahme des Anthracenöls und, nachdem der Erweichungspunkt des Pechs etwa auf 60 bis 75° gestiegen ist, die Destillation weiter fortsetzt, so gelangt man schon nach ganz kurzer Zeit an einen Punkt, wo selbst im Vakuum Zersetzung des Pechs eintritt, neben geringen Mengen viscöser Öle stark wasserstoffhaltige Gase entweichen und der Rückstand der Retorte in einen schaumigen Koks übergeht. Allerdings muß man, um alles Bitumen zu zersetzen, zum Schluß bis zur Rotglut erhitzen und erhält dann als Rückstand einen porösen, glänzenden Koks, der sich besonders für Herstellung bestimmter Qualitäten der künstlichen Kohlen vorzüglich eignet. Die Ausbeute an Pechkoks ist stark von dem Druck abhängig, unter welchem die Pechdestillation erfolgt. Während im Vakuum (soweit sich dieses überhaupt anwenden läßt) kaum 40% des angewandten Pechs an Koks erhalten werden, steigt dessen Menge bei Ausführung der Operation unter gewöhnlichem Druck leicht auf 60% und mehr. Die hierbei erhaltenen Destillate sind gleichfalls qualitativ wie quantitativ vom Destillationsdruck abhängig. Im Vakuum werden bis 50% hochviscöse, halbfeste, zum Schluß wachsartige Massen erhalten, die sich kaum in Öl und feste Ausscheidungen trennen lassen. Unter gewöhnlichem Druck ergeben sich etwa 20—30% viscöse Öle, welche bei gewöhnlicher Temperatur reichliche, schlecht filtrierbare Ausscheidungen

Das Pech. 135

geben, deren Menge bei stärkerer Abkühlung sich durch zähe, unfiltrierbare Massen stark vermehrt.

Die Ausführung derartiger Pechverkokungen erfolgt entweder in gußeisernen, halbkugelförmigen Blasen, welche schon nach verhältnismäßig wenigen Operationen zerstört werden oder aus Schamotte-Retorten, über deren Konstruktion Einzelheiten nicht bekannt geworden sind. Die chemische Zusammensetzung sowohl der Destillate als auch der (stark schwefelwasserstoffhaltigen) Gase ist fast gänzlich unbekannt.

d) Pechanalyse.

Die Untersuchung des Pechs erstreckt sich in erster Linie auf den Erweichungspunkt, ferner auf den Kohlenstoffgehalt, den Verkokungsrückstand und den Aschegehalt.

1. Der **Erweichungspunkt** wird durch diejenige Temperatur gekennzeichnet, bei der das Pech in eine weiche, knetbare Form übergeht. Die mancherlei primitiven Verfahren, welche man früher zur Ermittlung dieser Temperatur anwandte, sind restlos durch das Verfahren von *Kraemer-Sarnow* abgelöst worden, welches wie folgt zur Ausführung gelangt:

In einem kleinen Blechgefäß mit ebenem Boden, das in einem Ölbade von ähnlicher Form hängt, schmilzt man bei ungefähr 150° soviel von dem zu untersuchenden Pech, daß die Höhe der geschmolzenen Menge im Blechgefäß 7 mm beträgt. In diese taucht man das Ende eines etwa 10 cm langen, an beiden Enden eben geschliffenen, offenen Glasröhrchens von 6 mm lichter Weite bis zum Boden ein, läßt es darin solange stehen, bis das an dem kalten Röhrchen anfangs erstarrte Pech wieder geschmolzen ist, schließt beim Herausnehmen die obere Öffnung mit dem Finger und setzt das mit Pech gefüllte Ende des Röhrchens auf eine kalte Glasplatte. Nach dem Erkalten entfernt man das an der äußeren Wand des Röhrchens haftende Pech und hat jetzt im Inneren eine Pechschicht, deren Höhe 5 mm betragen muß. Auf diese gibt man 5 g Quecksilber aus einem dafür bestimmten Meßgefäß und hängt das so beschickte Proberohr in ein mit Wasser von 40° gefülltes Becherglas, das sich in einem zweiten, weiteren, mit Wasser der gleichen Temperatur gefüllten Becherglas befindet. In das innere Becherglas taucht man das Thermometer so ein, daß sein Quecksilbergefäß in gleicher Höhe mit der Pechschicht im Röhrchen liegt, und erhitzt mit mäßiger Flamme derart, daß die Temperatur in der Minute um 1° steigt. Die Temperatur, bei der das Quecksilber die Pechschicht durchbricht, gilt als Erweichungspunkt des Pechs.

2. **Freier Kohlenstoff.** Bezüglich des im Pech enthaltenen freien Kohlenstoffs gilt das gleiche, wie hinsichtlich des Kohlenstoffgehaltes des Teeres (s. S. 30). Es sind daher auch zu seiner Bestimmung die Verfahren anzuwenden, wie wir sie beim Rohteer kennengelernt haben.

3. **Verkokungsrückstand** nach *Brockmann-Muck*. Die für die Eignung des Pechs als Bindemittel bei der Brikettierung wichtige Bestimmung wird wie folgt ausgeführt:

Übersicht XIII. Ergebnisse der Teerdestillation.

Steinkohlenteer
ergibt

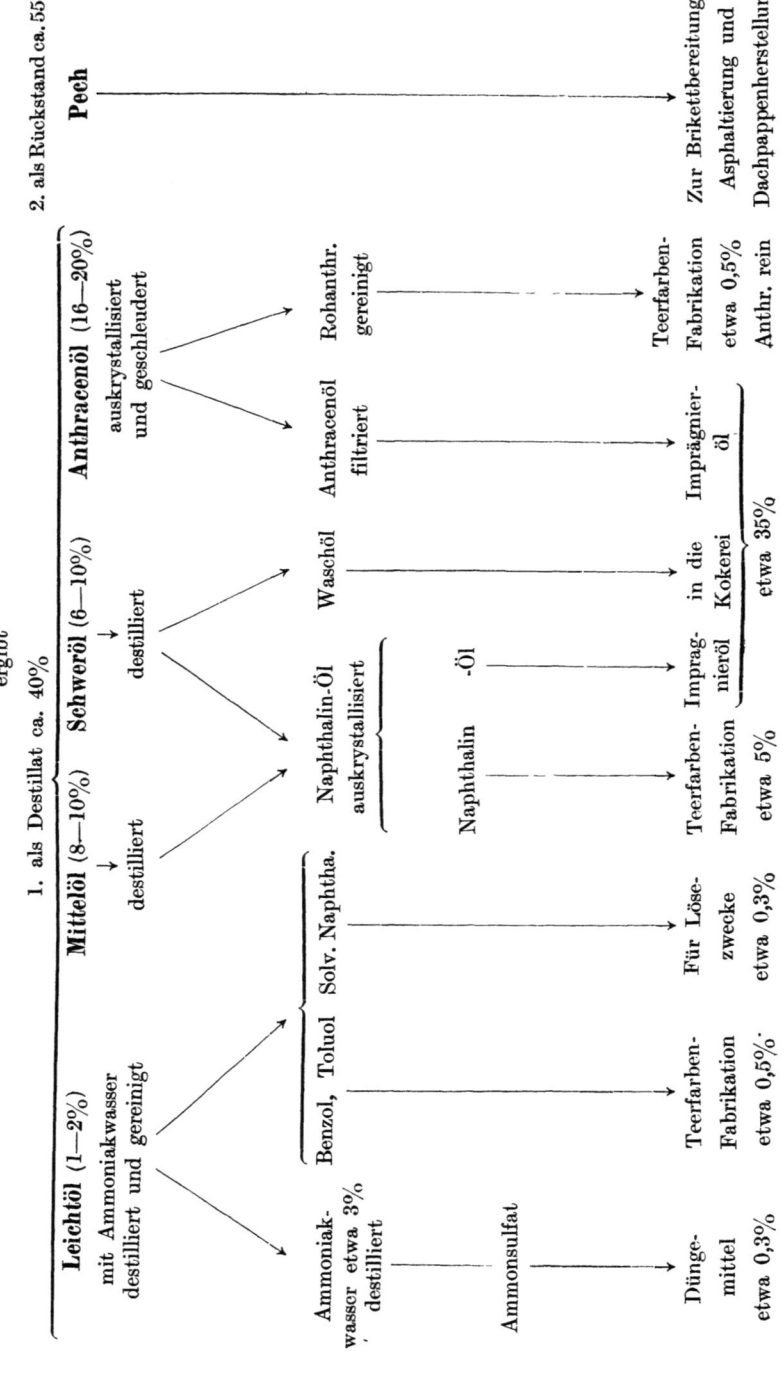

Man erhitzt 1 g des fein gepulverten Pechs in einem Platintiegel von guter Oberflächenbeschaffenheit, 22 mm Bodendurchmesser und 35 mm Höhe mit übergreifendem, gut passendem, in der Mitte mit einem 2 mm weiten Loch versehenem Deckel in der 18 cm hohen Flamme eines einfachen Bunsenbrenners, wobei der Boden des Tiegels sich 6 cm über der Brennerröhre befindet. Man hört mit dem Erhitzen auf, wenn sich über der Öffnung des Tiegeldeckels beim Annähern einer zweiten Flamme kein Flämmchen mehr zeigt, was schon nach wenigen Minuten der Fall sein wird. Der Verkokungsrückstand wird nach dem Abkühlen im Exsiccator gewogen.

4. **Aschegehalt.** Man verascht 1 g der Pechprobe im gewogenen Platintiegel, zuletzt unter Zuhilfenahme eines Gebläses und bringt die Asche nach dem Abkühlen im Exsiccator zur Wägung.

Übersicht XIV.
Die im Steinkohlenteer mit Sicherheit nachgewiesenen Verbindungen nach ihrem Siedepunkt geordnet.

Name	Formel	Siedep. 760 mm °C	Smp. °C	Entdecker	Jahr	Literatur
1, 3 Butadien . . .	C_4H_4	+1	—	Caventou	1873	Meyer, Jakobsohn. Org. Chem. 1 (I) 884
Pentan	C_5H_{12}	39	—	Schorlemer	1862	Ann. **125**, 105
Cyklopentadien . .	C_5H_6	41	—	Kraemer, Spilker	1896	Ber. **29**, 552
Schwefelkohlenstoff	CS_2	47	—	Helbing	1874	Ann. **172**, 281
Aceton	C_3H_6O	56	—	K. E. Schulze	1887	Ber. **20**, 411
Hexan	C_6H_{14}	69	—	Schorlemer	1862	Ann. **125**, 107
Hexen	C_6H_{12}	69	—	Williams	1858	Ann. **108**, 384
Acetonitril	C_2H_3N	79	—41	Vincent, Delachanal		Bull. soc. chim. **33**, 405
Methyläthylketon .	C_4H_9O	80	—	K. E. Schulze	1887	Ber. **20**, 411
Benzol	C_6H_6	81,1	+5	A. W. Hofmann	1845	Ann. **55**, 204
Thiophen	C_4H_4S	84	—	V. Meyer	1883	Ber. **17**, 1471
Heptan	C_7H_{16}	98	—	Schorlemer	1862	Ann. **125**, 103
Toluol	C_7H_8	111	—	Mansfield	1848	Chem. Soc. **1**, 244
Thiotolen	C_5H_6S	113	—	V. Meyer, Kreis	1884	Ber. **17**, 787
Pyridin	C_5H_5N	117	—	Greville, Williams	1854	Jahresber. f. Chem. S. 492
Octan	C_8H_{18}	119	—	Schorlemer	1861	Ann. **125**, 105
Pyrrol	C_4H_5N	133	—	Runge	1834	Poggend. Ann. **31**, 67
Äthylbenzol	C_8H_{10}	134	—	Noelting, Palmer	1891	Ber. **24**, 1955
α-Pikolin	C_8H_7N	135	—	Anderson	1846	Ann. **60**, 86
Thioxen	C_6H_8S	137	—	K. E. Schulze	1884	Ber. **17**, 2852
β-Pikolin	C_6H_7N	138	—	Mohler	1888	Ber. **21**, 1009
p-Xylol	C_8H_{10}	138	+15	R. Fittig	1870	Ann. **153**, 265
m-Xylol	C_8H_{10}	139	—	R. Fittig	1870	Ann. **153**, 265
o-Xylol	C_8H_{10}	143	—	Jakobsen	1877	Ber. **10**, 1010
α, α-Lutidin	C_7H_9N	143	—	Lunge, Rosenberg	1887	Ber. **20**, 130
Styrol	C_8H_8	145	—	Berthelot	1867	Ann. Suppl. 5, 367

138 Der Steinkohlenteer.

Übersicht XIV. (Fortsetzung.)
Die im Steinkohlenteer mit Sicherheit nachgewiesenen Verbindungen nach ihrem Siedepunkt geordnet.

Name	Formel	Siedep. 760 mm °C	S.p. °C	Entdecker	Jahr	Literatur
n-Propylbenzol	C_9H_{12}	159	—	G. Schultz	1909	Ber. 42, 3617
α,γ-Lutidin	C_7H_9N	157	—	Lunge, Rosenberg	1887	Ber. 20, 131
o-Äthyltoluol	C_9H_{12}	159	—	G. Schultz	1909	Ber. 42, 3613
m-Äthyltoluol	C_9H_{12}	159	—	G. Schultz	1909	Ber. 42, 3613
p-Äthyltoluol	C_9H_{12}	162	—	G. Schultz	1909	Ber. 42, 3613
Mesithylen	C_9H_{12}	164	—	Fittig, Wachenroder		Ann. 151, 292
Collidin	$C_8H_{11}N$	165	—	Ahrens	1896	Ber. 29, 2998
Pseudocumol	C_9H_{12}	168	—	Beilstein, Högler		Ann. 137, 317
Cumaron	C_8H_6O	169	—	Kraemer, Spilker	1890	Ber. 23, 78
Dekan	$C_{10}H_{22}$	170	—	Jakobsen	1876	Ann. 184, 205
Hemellithol	C_9H_{12}	175	—	Jakobsen	1886	Ber. 19, 2513
Hydrinden	C_9H_{10}	177	—	Moschner	1900	Ber. 33, 137
Inden	C_9H_8	178	—3	Kraemer, Spilker	1890	Ber. 23, 3276
Anilin	C_6H_7N	182	—8	Runge	1834	Poggend. Ann. 31, 65; 32, 351
Phenol	C_6H_6O	184	42	Runge	1834	Poggend. Ann. 31, 69; 32, 308
o-Kresol	C_7H_8O	187	32	Southworth	1873	Ann. 168, 275
Methylcumaron	C_9H_8O	190	—	Stoermer, Boes	1900	Ber. 33, 3013
Durol	$C_{10}H_{14}$	190	80	K. E. Schulze	1885	Ber. 18, 3032
Benzonitril	C_7H_5N	196	—	Kraemer, Spilker	1890	Ber. 23, 83
p-Kresol	C_7H_8O	201	36	Kolbe, Thiemann	1860	Ann. 115, 263; Ber. 11, 783
m-Kresol	C_7H_8O	202	+3	Biedermann, Tiemann	1873	Ber. 6, 323; Ber. 11, 783
Acetophenon	C_8H_8O	202	20	Weißgerber	1903	Ber. 36, 754
Hydronaphthalin	$C_{10}H_{12}$	205	—	Berthelot	1867	Ann. Suppl. 5, 371
Naphthalin	$C_{10}H_8$	218	80	Kidd		Berz.Jahrb.3,186
1,3,5-Xylenol	$C_8H_{10}O$	219	68	K. E. Schulze	1887	Ber. 20, 410
Thionaphten	C_8H_6S	220	30	Weißgerber, Kruber	1920	Ber. 53, 1551.
Dimethylcumaron	$C_{10}H_{10}O$	221	—	Stoermer, Boes	1900	Ber. 33, 3013
1,2,4-Xylenol	$C_8H_{10}O$	225	65	K. E. Schulze	1887	Ber. 20, 410
1,2,3,4 Tetramethylpyridin	$C_9H_{13}N$	233	—	Ahrens	1895	Ber. 28, 795
Chinolin	C_9H_7N	239	—	Runge, Fischer	1834	Poggend. Ann. 31, 65, 513
Isochinolin	C_9H_7N	240	28	Hoogewerff, Dorp	1885	Rec. d.Trav.Pays Bas 4, 125
β-Methylnaphthalin	$C_{11}H_{10}$	241	33	K. E. Schulze	1884	Ber. 17, 842
α-Methylnaphthalin	$C_{11}H_{10}$	245	—	K. E. Schulze	1884	Ber. 17, 842
Methylchinolin	$C_{10}H_9N$	247	—	Jakobsen, Reimer	1883	Ber. 16, 1082
Indol	C_8H_7N	249	52	Weißgerber	1910	Ber. 43, 3520
Paraffin	$C_{18}H_{38}$	250	20	K. E. Schulze	1887	Ber. 20, 410
Diphenyl	$C_{12}H_{10}$	254	70,5	Büchner	1875	Ber. 8, 23
2,6-Dimethylnaphthalin	$C_{12}H_{12}$	261	110	Weißgerber, Kruber	1919	Ber. 52, 355

Das Pech. 139

Übersicht XIV. (Fortsetzung.)
Die im Steinkohlenteer mit Sicherheit nachgewiesenen Verbindungen nach ihrem Siedepunkt geordnet.

Name	Formel	Siedep. 760 mm °C	Smp. °C	Entdecker	Jahr	Literatur
1, 6-Dimethylnaphthalin	$C_{12}H_{12}$	262	—	Weißgerber, Kruber	1919	Ber. **52**, 348
2, 7-Dimethylnaphthalin	$C_{12}H_{12}$	262	96	Weißgerber, Kruber	1919	Ber. **52**, 364
2, 3-Dimethylnaphthalin	$C_{12}H_{12}$	—	104	Weißgerber	1919	Ber. **52**, 370
Acenaphten	$C_{12}H_{10}$	278	95	Berthelot	1867	Zeitschr. f. Chem. 1867, S. 714
α-Naphthol	$C_{10}H_8O$	280	96	K. E. Schulze	1884	Ann. **227**, 143
Biphenylenoxyd	$C_{12}H_8O$	287	90	Kraemer, Weißgerber	1901	Ber. **34**, 1662
β-Naphthol	$C_{10}H_8O$	294	123	K. E. Schulze	1884	Ann. **227**, 143
Fluoren	$C_{13}H_{10}$	295	115	Berthelot	1867	Cpt. rend. **65**, 465
Biphenylensulfid	$C_{12}H_8S$	332	97	Kruber	1920	Ber. **53**, 1565
Phenantren	$C_{14}H_{10}$	340	99	Fittig, Ostermayer	1873	Ann. **166**, 361
Carbazol	$C_{12}H_9N$	355	238	Graebe, Glaser	1872	Ann. **163**, 343
Anthracen	$C_{14}H_{10}$	360	213	Dumas, Laurent	1833	Ann. **5**, 10
Akridin	$C_{13}H_9N$	über 360	107	Graebe, Caro	1871	Ann. **158**, 265
Methylanthracen	$C_{15}H_{12}$	über 360	190	Japp, G. Schultz	1877	Ber. **10**, 1049
Fluoranthen	$C_{15}H_{10}$	über 360	109	Fittig, Gebhard	1878	Ann. **193**, 142
Pyren	$C_{16}H_{10}$	über 360	148	Graebe	1871	Ann. **158**, 285
Chrysen	$C_{18}H_{12}$	448	250	Laurent	1837	Ann. chim. phys. (2), **66**, 136
Phenylnaphtylcarbazol	$C_{16}H_{11}N$	über 450	330	Brunck, Vischer, Graebe	1879	Ber. **12**, 341

Sachregister.

Abfallsäure des Benzolbetriebs 66.
Acenaphthen 112.
Ammoniak im Koksgas 22.
Anthracen 121.
Anthracenanalyse 124.
Anthracen des Handels 124.
Anthracenöl 113.
Anthracenöl, Aufarbeitung 115.
Anthracenreinigung 121.

Benzole, Verwendungszweck 72.
Benzolanalyse 78.
Benzoldestillation 64.
Benzolgewinnung aus Koksgasen 26.
Benzolreinigung 63.
Benzolwaschöl 110.
Benzolwäscher 63.
Biphenylenoxyd 112.
Bitumen 127.
Brikettierung 131.
Bromreaktion der Benzole 77.

Carbazol 125.
Carbolineum 117.
Carbolsäure 87.
Carbolsäure, Verwendungszwecke 93.
Carbolsäuredestillation 92.
Carbolsäuregewinnung 87.
Chinolin 112.
Chlorgehalt im Teer 39.
Chrysen 128.
Cumaron, Gewinnung 58.
Cumaronharz, Bildung 59.
— Gewinnung 67.
Cyklopentadien, Gewinnung 58.

Dachlack 133.
Dachpappenteer 132.
Dekalin 105.
Destillationsverfahren 53.

Dimethylnaphthalin 112.
Drehofen 12.
Durol 58.

Einmauerung der Blasen 49.
Eisenlack 133.
Elektrodenteer 133.
Erweichungspunkt 135.

Fluoranthen 128.
Fluoren 112.

Gasteer 30.
Glockenkolonne 61.

Handelsbenzole 68.
— Analyse 74.
Handelscarbolsäuren 99.
Heizöle 108.
Holzimprägnierung 116.

Imprägnieröl 116.
Inden 58.
Indol 111.
Injektoren für Teerdestillation 52.

Klebemasse 133.
Kohlebildung, Theorie der 3.
Kohlenstoff im Pech 127.
— im Teer 38.
Kohlentypen 2.
Kokereiausbeuten 15.
Kokerei 13.
Koksöfen 16.
Kolonnenapparate 60.
Kresole des Handels 94.
—, Trennung 89.
Kunstharze aus Phenol 94.

Leichtöl 54.
Leichtölanalyse 73.
Leichtöl, Aufarbeitung 57.
— Zusammensetzung 55.
Lösungsbenzol 69.
Luftpumpe für Teerdestillation 52.

Methylnaphthalin 112.
Mittelöl 85.
Mittelölanalyse 96.
Mittelöldestillation 86.

Naphthalin 102.
—, Analyse 106.
Naphthaline des Handels 104.
Naphthalinöl 101.
Naphthalinreinigung 102.
—, Verwendungszwecke 104.
Naphthalinwäsche 103.
Naphthalinwaschöl 117.
Nebenprodukte der Kokerei 20.

Öldüsen für Feuerungen 109.
Öle, technische 107.

Paraffine, Bestimmung im Benzol 81.
Pech 127.
Pechanalyse 135.
—, Gewinnung im Betriebe 128.
Pechverkokung 134.
Pechverladung 129.
Pflaster 133.
Phenantren 126.
Phenol, Trennung vom Kresol 89.
Phenolgehalt in Gemischen 98.
Phenolgewinnung 89.
Phenylnaphthylcarbazol 128.
Präparierter Teer 131.
Pyren 128.
Pyridinanalyse 84.
Pyridinbasen 82.
Pyridindestillation 83.
Pyridinschwefelsäure 83.

Raschigkolonne 62.
Reinbenzol 69.
Reinpräparate aus Schweröl 111.

Sachregister.

Rohbenzol, chemische Reinigung 59.
Rohbenzoldestillation 60.
Rohbenzol, Gehalt an Reinbenzol 81.

Säureharz 60, 66.
Schwefel aus Koksgasen 28.
Schwefelkohlenstoff im Benzol 80.
Schwefelsäurereaktion der Benzole 78.
Schwefelverbindungen im Benzol 79.
Schweröl 99.
—, Analyse 106.
—, Aufarbeitung 101.
—, Zusammensetzung 100.

Solvay-Waschöl 111.
Spezifisches Gewicht der Benzole 79.
Stahlwerksteer 132.
Steinkohle 1.
Styrol 58.

Teeranalyse 35.
Teerbildung 31.
Teerdestillation 44.
—, kontinuierliche 48.
Teerentwasserung 42.
Teerfettöle 119.
Teerretorten 46.
Teerstraßenbau 132.
Teer, Transport 40.
Tetralin 105.
Thionaphten 113.

Thiophen, Gewinnung 59.
—, Bestimmung 80.
Tieftemperaturteer 8.
Tieftemperaturverkokung 6.
Treiböle 109.
Trimethylbenzole 58.

Urteer 8.
Urteerdestillation 9.
Urteergewinnung, Wirtschaftlichkeit 13.

Verkokung 5.
Vorlagen der Teerdestillation 51.

Wechselvorlagen 51.
Winterbenzol 69.

Xylole, Trennung 57.

Verlag von Otto Spamer in Leipzig-Reudnitz

Chemische Technologie
in Einzeldarstellungen

Begründer: Herausgeber:
Prof. Dr. Ferd. Fischer   **Prof. Dr. Arthur Binz**

Bisher erschienen folgende Bände:

Allgemeine chemische Technologie:

Kolloidchemie. Von Prof. Richard Zsigmondy, Göttingen. Vierte Auflage. Geheftet 10.—, gebunden 14.—.

Sicherheitseinrichtungen in chemischen Betrieben. Von Geh. Reg.-Rat Prof. Dr.-Ing. Konrad Hartmann, Berlin. Mit 254 Abbildungen. Gebunden 12.—.

Zerkleinerungsvorrichtungen und Mahlanlagen. Von Ing. Carl Naske, Berlin. Dritte Auflage. Mit 415 Abbildungen. Geheftet 10.—, gebunden 14.—.

Mischen, Rühren, Kneten. Von Geh. Reg.-Rat Prof. Dr.-Ing. H. Fischer, Hannover. Zweite Auflage. Bearbeitet von Geh. Reg.-Rat Prof. Dr.-Ing. Alwin Nachtweh. Mit 125 Abbildungen. Geheftet 4.—, gebunden 6.—.

Sulfurieren, Alkalischmelze der Sulfosäuren, Esterifizieren. Von Geh. Reg.-Rat Prof. Dr. Wichelhaus, Berlin. Mit 32 Abbildungen und 1 Tafel. Vergriffen.

Verdampfen und Verkochen. Mit besonderer Berücksichtigung der Zuckerfabrikation. Von Ing. W. Greiner, Braunschweig. Zweite Auflage. Mit 28 Figuren im Text. Geheftet 5.—, gebunden 7.50.

Filtern und Pressen zum Trennen von Flüssigkeiten und festen Stoffen. Von Ingenieur F. A. Bühler. Zweite Auflage. Bearbeitet von Prof. Dr. Ernst Jänecke. Mit 339 Figuren im Text. Geheftet 3.50, gebunden 5.50.

Die Materialbewegung in chemisch-technischen Betrieben. Von Dipl.-Ing. C. Michenfelder. Mit 261 Abbildungen. Gebunden 15.—.

Heizungs- und Lüftungsanlagen in Fabriken. Von Obering. V. Hüttig, Professor an der Technischen Hochschule Dresden. Zweite Auflage. Mit 145 Figuren und 22 Zahlentafeln im Text und auf 6 Tafelbeilagen. Geheftet 15.—, gebunden 19.—.

Reduktion und Hydrierung organischer Verbindungen. Von Dr. Rudolf Bauer (†), München. Zum Druck fertiggestellt von Prof. Dr. H. Wieland, München. Mit 4 Abbildungen. Gebunden 10.—.

Messung großer Gasmengen. Von Ob.-Ing. L. Litinsky, Leipzig. Mit 138 Abbildungen, 37 Rechenbeispielen, 8 Tabellen im Text und auf 1 Tafel sowie 13 Schaubildern und Rechentafeln. Geheftet 10.—, gebunden 14.—.

Die hier angegebenen Grundzahlen, mit der jeweiligen Schlüsselzahl des Buchhändler-Börsenvereins multipliziert, ergeben den Verkaufspreis.
Für das übervalutige Ausland Grundzahl = Preis in Schweizer Franken.

Verlag von Otto Spamer in Leipzig-Reudnitz

Chemische Technologie
in Einzeldarstellungen

Begründer: **Prof. Dr. Ferd. Fischer**
Herausgeber: **Prof. Dr. Arthur Binz**

Bisher erschienen folgende Bände:

Spezielle chemische Technologie:

Kraftgas. Theorie und Praxis der Vergasung fester Brennstoffe. Von Prof. Dr. Ferd. Fischer. Neu bearbeitet und ergänzt von Reg.-Rat Dr.-Ing. J. Gwosdz. Mit 245 Figuren im Text. Zweite Auflage. Geheftet 10.—, gebunden 14.—.

Das Acetylen, seine Eigenschaften, seine Herstellung und Verwendung. Von Prof. Dr. J. H. Vogel, Berlin. Mit 137 Abbildungen. Gebunden 10.—.

Die Schwelteere, ihre Gewinnung und Verarbeitung. Von Direktor Dr. W. Scheithauer, Waldau. Mit 70 Abbildungen. Zweite Auflage. Geheftet 8.—, gebunden 12.—.

Die Schwefelfarbstoffe, ihre Herstellung und Verwendung. Von Dr. Otto Lange, München. Mit 26 Abbildungen. Gebunden 13.—.

Zink und Cadmium und ihre Gewinnung aus Erzen und Nebenprodukten. Von R. G. Max Liebig, Hüttendirektor a. D. Mit 205 Abbildungen. Gebunden 18.—.

Das Wasser, seine Gewinnung, Verwendung und Beseitigung. Von Prof. Dr. Ferd. Fischer, Göttingen-Homburg. Mit 111 Abbildungen. Gebunden 10.—.

Chemische Technologie des Leuchtgases. Von Dipl.-Ing. Dr. Karl Th. Volkmann. Mit 83 Abbildungen. Gebunden 8.—.

Die Industrie der Ammoniak- und Cyanverbindungen. Von Dr. F. Muhlert, Göttingen. Mit 54 Abbildungen. Gebunden 8.50.

Die physikalischen und chemischen Grundlagen des Eisenhüttenwesens. Von Prof. Walther Mathesius, Berlin. Mit 39 Abbildungen und 106 Diagrammen. Zweite Auflage in Vorbereitung.

Die Kalirohsalze, ihre Gewinnung und Verarbeitung. Von Dr. W. Michels und C. Przibylla, Vienenburg. Mit 149 Abbildungen und einer Übersichtskarte. Gebunden 15.—.

Die Mineralfarben und die durch Mineralstoffe erzeugten Färbungen. Von Prof. Dr. Friedr. Rose, Straßburg. Gebunden 13.—.

Die neueren synthetischen Verfahren der Fettindustrie. Von Privatdozent Dr. J. Klimont, Wien. Zweite Auflage. Mit 43 Abbildungen. Geheftet 4.50, gebunden 7.50.

Chemische Technologie der Legierungen. Von Dr. P. Reinglaß. Die Legierungen mit Ausnahme der Eisen-Kohlenstofflegierungen. Mit zahlr. Tabellen und 212 Figuren im Text und auf 24 Tafeln. Gebunden 15.—.

Der technisch-synthetische Campher. Von Prof. Dr. J. M. Klimont, Wien. Mit 4 Abbildungen. Geheftet 3.50, gebunden 5.50.

Die Luftstickstoffindustrie. Mit besonderer Berücksichtigung der Gewinnung von Ammoniak und Salpetersäure. Von Dr.-Ing. Bruno Waeser. Mit 72 Figuren im Text und auf 1 Tafel. Geheftet 16.—, gebunden 20.—.

Die hier angegebenen Grundzahlen, mit der jeweiligen Schlüsselzahl des Buchhändler-Börsenvereins multipliziert, ergeben den Verkaufspreis.
Für das übervalutige Ausland Grundzahl = Preis in Schweizer Franken.

Verlag von Otto Spamer in Leipzig-Reudnitz

CHEMISCHE APPARATUR
ZEITSCHRIFT FÜR DIE MASCHINELLEN UND APPARATIVEN HILFSMITTEL DER CHEMISCHEN TECHNIK / Schriftleitung: BERTHOLD BLOCK

Erscheint monatlich zweimal. Monatlich M. 500.—, fürs Ausland vierteljährlich 5 Schweizer Franken.

Die „Chemische Apparatur" bildet einen Sammelpunkt für alles Neue und Wichtige auf dem Gebiete der maschinellen und apparativen Hilfsmittel chemischer Fabrikbetriebe. Außer rein sachlichen Berichten und kritischen Beurteilungen bringt sie auch selbständige Anregungen auf diesem Gebiete. Die „Zeitschriften- und Patentschau" mit ihren vielen Hunderten von Referaten und Abbildungen, sowie die „Umschau" und die „Berichte über Auslandpatente" gestalten die Zeitschrift zu einem

ZENTRALBLATT FÜR DAS GRENZGEBIET VON CHEMIE UND INGENIEURWISSENSCHAFT.

MONOGRAPHIEN ZUR CHEMISCHEN APPARATUR
HERAUSGEGEBEN VON DR. A. J. KIESER

Bisher erschienen:

Heft 1: **Schröder, Hugo,** Die Schaumabscheider als Konstruktionsteile chemischer Apparate. Ihre Bauart, Arbeitsweise und Wirkung. Mit 86 Figuren im Text. Geheftet Grundzahl 3.—.

Heft 2: **Jordan, Dr.-Ing. H.,** Die drehbare Trockentrommel für ununterbrochenen Betrieb. Mit 25 Figuren im Text. 1920. Geheftet Grundzahl 1.—.

Heft 3: **Schröder, Hugo,** Die chemischen Apparate in ihrer Beziehung zur Dampffaßverordnung, zur Reichsgewerbeordnung und den Unfallverhütungsvorschriften der Berufsgenossenschaft der chemischen Industrie. Eine gewerberechtliche Studie. Mit 1 Figur im Text. Geheftet Grundzahl 1.50.

Heft 4: **Block, Berthold,** Die sieblose Schleuder zur Abscheidung von Sink- und Schwebestoffen aus Säften, Laugen, Milch, Blut, Serum, Lacken, Farben, Teer, Öl, Hefewürze, Papierstoff, Stärkemilch, Erzschlamm, Abwässern. Theoretische Grundlagen und praktische Ausführungen. Mit 131 Figuren im Text. Geheftet Grundzahl 5.—, gebunden Grundzahl 6.50.

FEUERUNGSTECHNIK
ZEITSCHRIFT FÜR DEN BAU UND BETRIEB FEUERUNGSTECHNISCHER ANLAGEN

SCHRIFTLEITUNG: DIPL.-ING. DR. P. WANGEMANN

Erscheint monatlich 2mal. Monatlich M. 500.—, fürs Ausland vierteljährlich 5 Schweizer Franken. Die „Feuerungstechnik" soll eine Sammelstelle sein für alle technischen und wissenschaftlichen Fragen des Feuerungswesens, also: Brennstoffe (feste, flüssige, gasförmige), ihre Untersuchung und Beurteilung, Beförderung und Lagerung, Statistik, Entgasung, Vergasung, Verbrennung, Beheizung. — Bestimmt ist sie sowohl für den Konstrukteur und Fabrikanten feuerungstechnischer Anlagen als auch für den betriebsführenden Ingenieur, Chemiker und Besitzer solcher Anlagen.

Die hier angegebenen Grundzahlen, mit der jeweiligen Schlusselzahl des Buchhändler-Börsenvereins multipliziert, ergeben den Verkaufspreis.
Für das übervalutige Ausland Grundzahl = Preis in Schweizer Franken.

If you have any concerns about our products,
you can contact us on
ProductSafety@springernature.com

In case Publisher is established outside the EU,
the EU authorized representative is:
**Springer Nature Customer Service Center GmbH
Europaplatz 3, 69115 Heidelberg, Germany**

Printed by Libri Plureos GmbH
in Hamburg, Germany